臺東地區藥用植物圖鑑

Illustration of Medicinal Plants in Taitung

（第二輯）

臺東縣藥用植物學會
中華民國一〇一年九月編印

縣長的話

　　臺東是藥草的故鄉，也是天然的藥用植物園。因得天獨厚，臺東在日據時代成為藥草栽種地，同時也是藥草育苗及研究中心，從知本溫泉附近樂山的舊地名為"藥"山，就知道當年日本人滿山種植的盛況，種類更多達數百種，其中金雞納樹、千金藤曾經是瘧疾及肺結核患者的救命仙丹，讓臺東藥山名勝一時，可知藥用植物與臺東的淵源。

　　即使現在西醫盛行，但藥用植物仍是我們生活中不可或缺的保健良品，它可以入膳、入浴，更是養生的最佳食材，我們突破傳統，將本土藥用植物與西方香草結合，開發成符合現代人需求的隨身包，即沖即飲成為我們生活中的一部分，如：魚腥草茶、香椿茶、枸杞茶、白鶴靈芝茶……等，都是深受市場喜愛的茶包種類。

　　感謝臺東縣藥用植物學會的用心，編輯圖文並茂的「臺東地區藥用植物圖鑑」，讓讀者透過精彩照片、通俗的文字就能深入淺出走進奧妙的藥草園地，了解臺東常見的100種藥用植物，輕鬆地在生活中巧妙運用，提升免疫力，讓身體更為健康。

　　臺東是提倡健康、運動的城市，也是追求幸福滿分的城市，將藥草巡禮與觀光旅遊結合的套裝行程，想必是最優質的休閒活動，歡迎大家按圖索驥一起探訪臺東，尋找有益身心的良方。

臺東縣縣長　黃健庭

中華民國一〇一年九月

理事長序

　　本會成立迄今逾十三個年頭，在全體會員的鼎力熱忱支持下，各項會務的推動，均獲政府與民間的肯定；諸如連續承辦六屆的「臺灣藥草節—藥草的故鄉在台東」活動，已成為眾所矚目的臺東每年盛事。猶如豐年祭嘉年華會一樣，每到秋高氣爽的季節，全國各地的藥草達人，都會聚集在這純淨的臺東，來「高峰論談」一番，而相關的產業亦藉此而往上成長。

　　臺東位於臺灣東南嵎，係亞熱帶與熱帶交接過度區，溫暖濕潤又有豐富營養鹽的黑潮沿著海岸線順流而上，加上擁有3000公尺以上的高山，在這種特殊氣候條件下孕育了多樣化的原生藥用植物，依各學術單位的調查：保守估計至少有1000種之多，有族群量較大者，更有許多是屬於特有種系的，如：青脆枝、千金藤、烏芙蓉、大薊等。因此日據時代即把臺東規劃為藥草栽培與發展的重鎮，當時從知本到大武即栽培了700多公頃的金雞納樹與千金藤等功能特殊的「臺東原生藥草」，而知本山區因而被稱為「藥山」，諸此等等將臺東列為「臺灣藥草的故鄉」是不為過的，也期望知本藥山地區不僅溫泉浴最棒，也讓藥山能真正風華再現。

　　為了讓社會大眾能深一層認識臺東藥用植物種類的多樣性，並進一步加以適當應用以及有助於藥草產業的發展，逐年彙編屬於臺東地區實用型的圖鑑，自然而然，已成為本會的責任與使命，基於是項緣由，在本會理監事及各前輩的認可與努力下，終於完成了撰稿的任務，同時亦感謝臺灣省藥用植物學會創會理事長鍾錠全老師的專業指導，中國醫藥大學藥學系黃世勳博士提供有關辨識、採收、加工與應用等寶貴資料，以及創立生技公司原生應用植物園吳景槐董事長的鼓勵，於九十九年台灣藥草節前能付梓出版第一輯，內容豐富深獲認同，承蒙黃健庭縣長的推薦與鼓勵，已分贈友會嘉賓、台東縣有關機關團體、另贈各級學校做教學參考，深獲肯定。初版精裝本業已售罄，在各界之鼓勵支持下，全體編輯委員再度通力合作，把各自珍藏的私房藥草再加整理、探索、拍照並參考諸多文獻，編輯「台東地區藥用植物圖鑑第二輯」。本會對各先進的努力敬表萬分的謝意，希望是項工作能永續下去，謹此為序，謝謝。

臺東縣藥用植物學會

理事長 李明義 謹識

中華民國一〇一年八月

編輯感言

　　台東地區藥用植物圖鑑第一輯於九十九年本會承辦「2010年台灣藥草節—藥草的故鄉在台東」活動時，在黃健庭縣長的鼓勵支持下出版，已分贈與會嘉賓及全省友會及有關機關團體參閱，另贈送台東縣轄各級學校做教學參考，深獲各界認同與肯定，對本會編輯委員是一大鼓舞。

　　今年欣逢本會創立十三週年，會員們有感台東好山好水，孕育1000多種珍貴的藥用植物，同好們平常各自栽種藥用植物並用心研究不同藥草，樂意與大家分享，因此召開了幾次編輯會議，承蒙中國醫藥大學廖江川博士在2011年台灣藥草節做專題演講時惠予鼓勵，同時今年6月5日中國醫藥大學黃世勳博士與黃冠中副教授因公到農委會台東區農改場專題演講之際，相偕親自列席本會編輯委員會議時，給予正面鼓勵，本會決議配合中華民國建國101年再精選101篇台東地區之藥用植物的資料加以整理，並拍攝相片，付梓編印。特別感謝總幹事吳茂雄老師之奔走，陳忠和老師提供私房珍貴相片，及林忠明老師之資料整理。

　　本會現任理事長李明義隨即委請召集人李興進前理事長積極籌劃，全體編輯委員鍾國慶、吳茂雄、陳進分、林忠明、陳清新、陳忠和、徐元嬌、謝松雄、鍾華盛、呂緒宇、黃小三、劉昌燊等委員分工編組，就委員們平常栽種的藥草及蒐集的資料，依實際體驗參照多方文獻，通力合作完成初稿，請陳清新老師審稿，資料整理後編排打字，再請李興進理事長複審，並蒙中國醫藥大學黃世勳博士進一步指導審閱，定稿後付梓編印。

　　台東地區藥用植物圖鑑第一輯100篇，精裝本於99年11月出版，由台東原生應用植物園及誠品書局銷售，深受讀者歡迎，今年5月第一輯初版已售罄，特出版第二輯101篇精裝本，期能滿足讀者的需求及盼望。

　　由於全體編輯委員之通力合作，憑豐富之栽培經驗及心愛藥草的實際體驗，參考諸多文獻，進行採集、探尋、拍照、整理、編排等工作，雖然我們很用心，但籌備時間有限，疏漏之處在所難免，我們謹以一股熱心與分享的心境，透過本書的出版將台東地區珍貴的藥草介紹給各界認識並體驗，讓中草藥融入現實生活中；而如何與現代生物科技結合，提升藥用植物之應用價值，促進全民的健康與幸福，相信會是大家共同關心的課題。

台東縣藥用植物學會
(台東地區藥用植物圖鑑第二輯)全體編輯委員 敬上
中華民國一○一年八月

目　錄

藥用植物
必備知識

藥用植物之形態術語

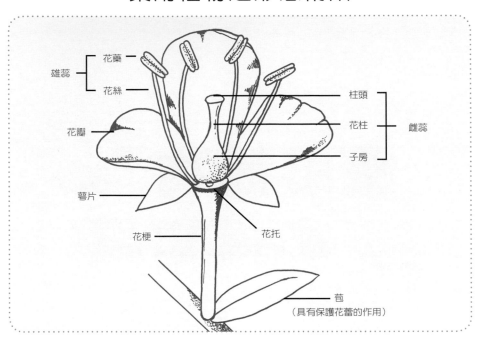

雄蕊 { 花藥 / 花絲

雌蕊 { 柱頭 / 花柱 / 子房

花瓣

萼片

花梗

花托

苞
(具有保護花蕾的作用)

一、花的組成

　　包括花梗、花托、萼片、花瓣、雄蕊、雌蕊等。其中雄蕊和雌蕊是花中最重要的部分，具生殖功能。全部花瓣合稱花冠，通常色澤豔麗。全部萼片合稱花萼，位於花之最外層，常為綠色。花萼與花冠則合稱花被，具保護和引誘昆蟲傳粉等作用，一般於花萼及花冠形態相近混淆時，才使用「花被」作為代用名詞，例如：百合科植物之花萼常呈花瓣狀，所以，描述該科植物之花時，多以「花被6枚，呈內外2輪」之字樣，而極少單獨以「花萼」(前述之外輪花被)或「花冠」(前述之內輪花被)作為用詞。花梗及花托則有支持作用。

※子房位置：即子房和花被、雄蕊之相對

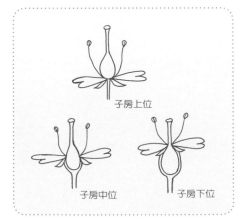

子房上位

子房中位

子房下位

位置，子房位於花被與雄蕊連接處之上方者稱子房上位，若子房位於下方者稱子房下位，而子房位置居中間者稱子房中位。其演化順序乃依上位、中位至下位。

二、花冠種類

可粗分為離瓣花冠及合瓣花冠兩類，前者之花瓣彼此完全分離，這類花則稱離瓣花；後者之花瓣彼此連合，這類花則稱合瓣花，但未必完全連合，此時連合部分稱花冠筒，分離部分稱花冠裂片。花冠常有多種形態，有的則為某類植物獨有的特徵，常見者有下列幾種：

1. 十字形花冠：花瓣4枚，分離，上部外展呈十字形，如：十字花科植物。

2. 蝶形花冠：花瓣5枚，分離，上面一枚位於最外方且最大稱旗瓣，側面二枚較小稱翼瓣，最下面二枚其下緣通常稍合生，並向上彎曲稱龍骨瓣。如：豆科中蝶形花亞科(Papilionoideae)植物等。

3. 唇形花冠：花冠基部筒狀，上部呈二唇形，如：唇形科植物。

4. 管狀花冠：花冠合生成管狀，花冠筒細長，如：菊科植物的管狀花。

5. 舌狀花冠：花冠基部呈一短筒，上部向一側延伸成扁平舌狀，如：菊科植物的舌狀花。

6. 漏斗狀花冠：花冠筒較長，自下向上逐漸擴大，上部外展呈漏斗狀，如：旋花科植物。

7. 高腳碟狀花冠：花冠下部細長管狀，上部水平展開呈碟狀，如：長春花。

8. 鐘狀花冠：花冠筒寬而較短，上部裂片擴大外展似鐘形，如：桔梗科植物。

十字形花冠　　　　蝶形花冠

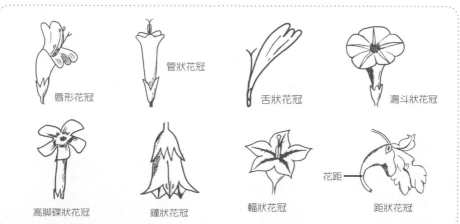

唇形花冠　　　管狀花冠　　　舌狀花冠　　　漏斗狀花冠

高腳碟狀花冠　　鐘狀花冠　　輻狀花冠　　花距　距狀花冠

9.輻狀(或稱輪狀)花冠：花冠筒甚短而廣展，裂片由基部向四周擴展，形似車輪狀，如：龍葵、番茄等部分茄科植物。

10.距狀花冠：花瓣基部延長成管狀或囊狀，如：鳳仙花科植物。

三、花序種類

花序指花在花軸上排列的方式，但某些植物的花則單生於葉腋或枝的頂端，稱單生花，如：扶桑、洋玉蘭、牡丹等。花序的總花梗或主軸，稱花序軸(或花軸)，花序軸可以分枝或不分枝。花序上的花稱小花，小花的梗稱小花梗。依花在花軸上排列的方式及開放順序，可將花序分類如下：

(一)無限花序：

即在開花期內，花序軸頂端繼續向上成長，並產生新的花蕾，而花的開放順序是花序軸基部的花先開，然後逐漸向頂端開放，或由邊緣向中心開放，稱之。

1.穗狀花序：花序軸單一，小花多數，無梗或梗極短，如：車前草、青葙等。

2.總狀花序：似穗狀花序，但小花明顯有梗，如：毛地黃、油菜等。

3.葇荑花序：似穗狀花序，但花序軸下垂，各小花單性，如：構樹、小葉桑的雄花序。

4.肉穗花序：似穗狀花序，但花序軸肉質肥大呈棒狀，花序外圍常有佛焰花苞保護，如：半夏、姑婆芋等天南星科植物。

5.繖房花序：似總狀花序，但花梗不等長，下部者最長，向上逐漸縮短，使整個花序的小花幾乎排在同一平面上，如：蘋果、山楂等。

6.繖形花序：花序軸縮短，小花著生於總花梗頂端，小花梗幾乎等長，整個花序排列像傘形，如：人參、五加等。

7.頭狀花序：花序軸極縮短，頂端並膨大成盤狀或頭狀的花序托，其上密生許多

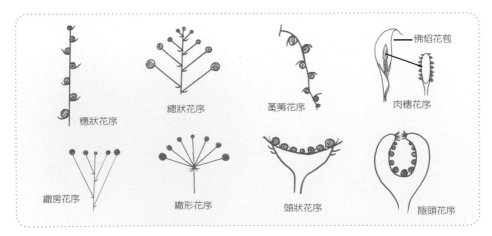

穗狀花序　　　總狀花序　　　葇荑花序　　　肉穗花序　　佛焰花苞

繖房花序　　　繖形花序　　　頭狀花序　　　隱頭花序

圓錐花序　　　　　　複繖形花序

無梗小花，下面常有1至數層苞片所組成的總苞，如：菊花、向日葵、咸豐草等菊科植物。

8. 隱頭花序：花序軸肉質膨大且下凹，凹陷內壁上著生許多無柄的單性小花，只留一小孔與外界相通，如：薜荔、無花果、榕樹等榕屬(*Ficus*)植物。

　　上述花序的花序軸均不分枝，但某些無限花序的花序軸則分枝，常見的有圓錐花序及複繖形花序，前者在長的花序軸上分生許多小枝，每小枝各自形成1個總狀花序或穗狀花序，整個花序呈圓錐狀，如：芒果、白茅等；後者之花序軸頂端叢生許多幾乎等長的分枝，各分枝再各自形成1個繖形花序，如：柴胡、胡蘿蔔、芫荽等。

(二)有限花序：

　　花序軸頂端的小花先開放，致使花序無法繼續成長，只能在頂花下面產生側軸，各花由內而外或由上向下逐漸開放，稱之。

1. 單歧聚繖花序：花序軸頂端生1朵花，先開放，而後在其下方單側產生1側軸，側軸頂端亦生1朵花，這樣連續分枝便形成了單歧聚繖花序。若分枝呈左右交替生出，而呈蠍子尾狀者，稱蠍尾

狀聚繖花序，如：唐菖蒲。若花序軸分枝均在同一側生出，而呈螺旋狀捲曲，稱螺旋狀聚繖花序，又稱卷繖花序，如：紫草、白水木、藤紫丹等。但有的學者亦稱螺旋狀聚繖花序為蠍尾狀，臺灣植物文獻幾乎都如此。

2. 二歧聚繖花序：花序軸頂花先開，在其下方兩側各生出1等長的分枝，每分枝以同樣方式繼續分枝與開花，稱二歧聚傘花序。如：石竹。

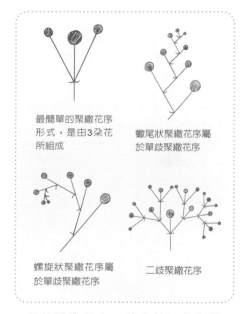

最簡單的聚繖花序形式，是由3朵花所組成

蠍尾狀聚繖花序屬於單歧聚繖花序

螺旋狀聚繖花序屬於單歧聚繖花序

二歧聚繖花序

3. 多歧聚繖花序：花序軸頂花先開，頂花下同時產生3個以上側軸，側軸比主軸長，各側軸又形成小的聚傘花序，稱多歧聚傘花序。若花序軸下另生有杯狀總苞，則稱為杯狀聚繖花序，簡稱杯狀花序，又因其為大戟屬(*Euphorbia*)特有的花序類型，故又稱

為大戟花序，如：猩猩木、大飛揚等，但該屬現又將葉對生者，獨立成地錦草屬(*Chamaesyce*)，大飛揚即為其中一例。

4. 輪繖花序：聚繖花序生於對生葉的葉腋，而成輪狀排列，如：益母草、薄荷等唇形科植物。

四、果實

種類多樣，有的亦為某類植物獨有的特徵，其分類如下：

(一)依花的多寡所發育成的果實，可分為下列3類：

1. 單果：由單心皮或多心皮合生雌蕊所形成的果實，即一朵花只結成1個果實。單果可分為乾燥而少汁的乾果及肉質而多汁的肉質果兩大類。乾果又分為成熟後會開裂的與不開裂的兩類。

2. 單花聚合果：由1朵花中許多離生心皮雌蕊形成的

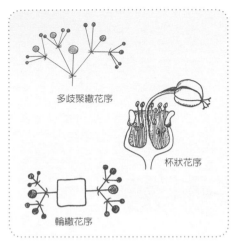

多歧聚繖花序

杯狀花序

輪繖花序

果實，每個雌蕊形成1個單果，聚生於同一花托上，簡稱聚合果。而依其花托上單果類型的不同，可分為聚合蓇葖果，如：掌葉蘋婆、八角茴香；聚合瘦果，如：毛茛、草莓；聚合核果，如：懸鉤子類；聚合堅果，如：蓮；聚合漿果，如：南五味。

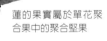

蓮的果實屬於單花聚合果中的聚合堅果

蓖麻果實屬於單果，且為成熟後會開裂的乾果

3. 多花聚合果：由整個花序(多朵花)發育成的果實，簡稱聚花果，又稱複果，如：鳳梨、桑椹。而桑科榕屬的隱頭果亦屬此類，如：無花果、薜荔。

桑椹屬於多花聚合果

(二)開裂的乾果主要有：

1. **蓇葖果**：由單一心皮或離生心皮所形成，成熟後僅單向開裂。但1朵花只形成單個蓇葖果的較少，如：淫羊藿；1朵花形成2個蓇葖果的，如：長春花、鷗蔓；1朵花形成數個聚合蓇葖果的，如：八角茴香、掌葉蘋婆。

2. **莢果**：由單一心皮所形成，成熟後常雙向開裂，其為豆科植物所特有的果實。但也有些成熟時不開裂的，如：落花生；有的在莢果成熟時，種子間呈節節斷裂，每節含1種子，不開裂，如：豆科的山螞蝗屬(*Desmodium*)植物；有的莢果呈螺旋狀，並具刺毛，如：苜蓿。

3. **角果**：由2心皮所形成，在生長過程中，2心皮邊緣合生處會生出隔膜，將子房隔為2室，此隔膜稱假隔膜，種子著生在假隔膜兩側，果實成熟後，果皮沿兩側腹縫線開裂，呈2片脫落，假隔膜仍留於果柄上。角果依長度還分為長角果(如：蘿蔔、西洋菜)及短角果(如：薺菜)，其為十字花科植物所特有的果實。

4. **蒴果**：由多心皮所形成，子房1至多室，每室含多數種子，成熟時以種種方式開裂。

5. **蓋果**：為一種蒴果，果實成熟時，由中部呈環狀開裂，上部果皮呈帽狀脫落，此稱蓋裂，如：馬齒莧、車前草等。

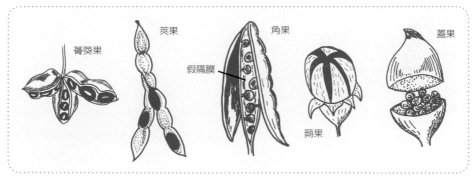

(三)不開裂的乾果主要有：

1. **瘦果**：僅具有單粒種子，成熟時果皮易與種皮分離，不開裂，如：白頭翁；菊科植物的瘦果是由下位子房與萼筒共同形成的，稱連萼瘦果，又稱菊果，如：蒲公英、向日葵、大花咸豐草等。

2. **穎果**：果實內亦含單粒種子，果實成熟時，果皮與種皮癒合，不易分離，其為禾本科植物所特有的果實，如：

稻、玉米、小麥等。

3.堅果：種子單一，並具有堅硬的外殼(果皮)。而殼斗科植物的堅果，常有由花序的總苞發育成的殼斗附著於基部，如：青剛櫟、油葉石櫟、栗子等。但某些植物的堅果特小，無殼斗包圍，稱小堅果，如：益母草、薄荷、康復力等。

4.翅果：具有幫助飛翔的翼，翼有單側、兩側或沿著週邊產生，果實內含1粒種子，如：槭樹科植物。

5.雙懸果：由2心皮所形成，果實成熟後，心皮分離成2個分果，雙雙懸掛在心皮柄上端，心皮柄的基部與果梗相連，每個分果各內含1粒種子，如：當歸、小茴香、蛇床子等。雙懸果為繖形科植物特有的果實。

6.胞果：由合生心皮雌蕊上位子房所形成，果皮薄，膨脹疏鬆地包圍種子，而使果皮與種皮極易分離，如：臭杏、裸花鹼蓬、馬氏濱藜等。

(四)肉質果類：

　　果皮肉質多漿，成熟時不裂開。

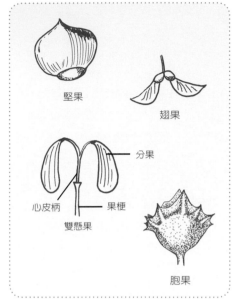

1.漿果：由單心皮或多心皮合生雌蕊，上位或下位子房發育形成的果實，外果皮薄，中果皮及內果皮肉質多漿，內有1至多粒種子，如：枸杞、番茄等。

2.柑果：為漿果的一種，由多心皮合生雌蕊，上位子房形成的果實，外果皮較厚，革質，內富含具揮發油的油室，中果皮與外果皮結合，界限不明顯，中果

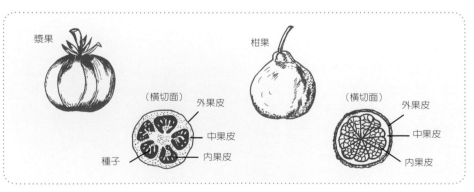

皮疏鬆，白色海綿狀。內果皮多汁分瓣，即為可食部分。柑果為芸香科柑橘屬(*Citrus*)所特有的果實，如：柳丁、柚、橘、檸檬等。

3.核果：由單心皮雌蕊，上位子房形成的果實，內果皮堅硬、木質，形成堅硬的果核，每核內含1粒種子。外果皮薄，中果皮肉質。如：桃、梅等。

4.梨果：為一種假果，由5個合生心皮、下位子房與花筒一起發育形成，肉質可食部分是原來的花筒發育而成的，其與外、中果皮之間界限不明顯，但內果皮堅韌，故較明顯，常分隔成2～5室，每室常含種子2粒，如：梨、蘋果、山楂等。

5.瓠果：為一種假果，由3心皮合生雌蕊，具側膜胎座的下位子房與花托一起發育形成的，花托與外果皮形成堅韌的果實外層，中、內果皮及胎座肉質部分，則成為果實的可食部分。瓠果為葫蘆科特有的果實，如：絲瓜、冬瓜、羅漢果等。

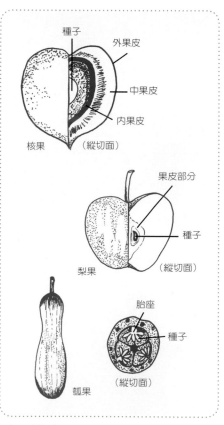

種子
外果皮
中果皮
內果皮
核果　（縱切面）

果皮部分
種子
梨果　（縱切面）

胎座
種子
瓠果　（縱切面）

編　語

植物果實的發育過程，花的各部分會發生很大的變化，花萼、花冠一般脫落，雌蕊的柱頭、花柱以及雄蕊也會先後枯萎脫落，然後胚珠發育成種子，子房逐漸增大發育成果實。而由子房發育成的果實稱真果，如：桃、橘、柿等。但某些植物除子房外，花的其他部分(如：花被、花柱及花序軸等)也會參與果實的形成，這類果實則稱假果，如：無花果、鳳梨、梨、山楂等。

五、種子

由植物之胚珠受精後發育而成的，其形狀、大小、顏色、光澤、表面紋理、附屬物等會隨植物種類不同而異，有時亦可作為植物特徵之一。

1.形狀：有圓形、橢圓形、腎形、卵形、圓錐形、多角形等。

2.大小：差異有時相當懸殊，較大種子有檳榔、銀杏、桃、杏等；較小的種子有菟絲子、葶藶子等；極小的有白芨、天麻等。

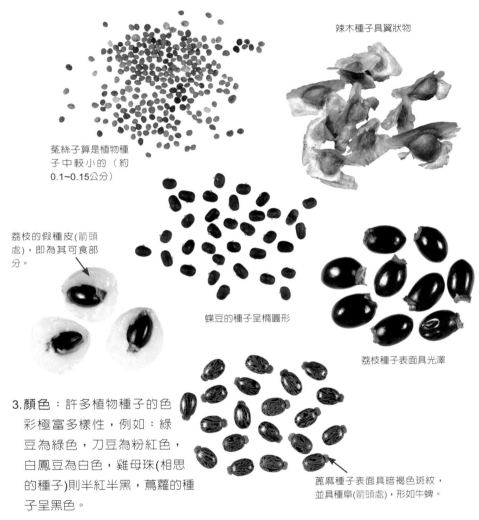

辣木種子具翼狀物

菟絲子算是植物種子中較小的（約0.1~0.15公分）

荔枝的假種皮(箭頭處)，即為其可食部分。

蝶豆的種子呈橢圓形

荔枝種子表面具光澤

蓖麻種子表面具暗褐色斑紋，並具種阜(箭頭處)，形如牛蜱。

3. **顏色**：許多植物種子的色彩極富多樣性，例如：綠豆為綠色，刀豆為粉紅色，白鳳豆為白色，雞母珠(相思的種子)則半紅半黑，蒚蘿的種子呈黑色。

4. **光澤**：有的表面光滑，如：孔雀豆、望江南、荔枝；有的表面粗糙，如：天南星。

5. **表面紋理**：蓖麻種子表面具暗褐色斑紋，倒地鈴種子表面具白色心形圖案。

6. **具附屬物**：黑板樹種子具毛狀物，辣木種子具翼狀物，木棉種子密被棉毛。

7. **其他**：有的種皮外尚有假種皮，且呈肉質，如：龍眼、荔枝；某些植物的外種皮，在珠孔處由珠被擴展形成海綿狀突起物，稱種阜，如：蓖麻、巴豆。

六、根

有吸收、輸導、支持、固著、貯藏及繁殖等功能,具有向地性、向濕性和背光性等特點,其吸收作用主要靠根毛或根的幼嫩部分進行,根通常呈圓柱形,生長在土壤中,形態上,根無節和節間之分,一般不生芽、葉及花,細胞中也不含葉綠體。

(一)根之類型:

1.主根及側根:植物最初長出的根,乃由種子的胚根直接發育而來的,這種根稱為主根。在主根側面所長出的分枝,則稱側根。在側根上再長出的小分枝,稱纖維根。

2.定根及不定根:此乃依據根的發生起源來分類。主根、側根與纖維根都是直接或間接由胚根生長出來的,具固定的生長部位,故稱為定根,如:人參、甘草、黃耆的根。但某些植物的根並不是直接或間接由胚根所形成的,而是從其莖、葉或其他部位長出的,這些根的產生沒有一定的位置,故稱不定根,如:玉蜀黍、稻、麥的主根於種子萌發後不久即枯萎,而另從其莖的基部節上長出許多相似的鬚根來,這些根即為不定根。

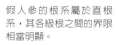

假人參的根系屬於直根系,其各級根之間的界限相當明顯。

3.根系形態:植物地下部分所有根的總和稱為根系,分為兩類:(1)直根系:由主根、側根以及各級的纖維根共同組成,其主根發達粗大,主根與側根的界限也非常明顯,多見於雙子葉植物、裸子植物中;(2)鬚根系:由不定根及其分枝的各級側根組成,其主根不發達或早期死亡,而從莖的基部節上長出許多相似的不定根,簇生成鬚鬚狀,無主次之分,多見於單子葉植物中。

(二)根之變態:

植物為了適應生活環境的變化,在根的形態、構造上,往往產生了許多變態,常見的有下列幾種:

1. 貯藏根:根的部分或全部形成肥大肉質,其內存藏許多營養物質,這種根稱貯藏根,其依形態不同可分為:

(1) 肉質直根:由主根發育而成,每株植物只有一個肉質直根。有的肥大呈圓錐形,如:蘿蔔、白芷;有的肥大呈圓球形,如:蕪菁;有的肥大呈圓柱形,如:丹參。

(2) 塊根:由不定根或側根發育而成,故每株植物可能形成多個塊根,如:麥門冬、天門冬、粉藤、萱草等。

萱草的塊根

2.支持根：自莖上產生的不定根，深入土中，以加強支持莖幹的力量，如：玉蜀黍、甘蔗等。

3.氣生根：自莖上產生的不定根，不深入土中，而暴露於空氣中，它具有在潮濕空氣中吸收及貯藏水分的能力，如：石斛、榕樹等。

4.攀緣根：攀緣植物在莖上長出不定根，能攀附牆垣、樹幹或它物，又稱附著根，如：薜荔、常春藤等。

5.水生根：水生植物的根呈鬚狀，飄浮於水中，如：浮萍、水芙蓉等。

6.寄生根：寄生植物的根插入寄主莖的組織內，吸取寄主體內的水分和營養物質，以維持自身的生活。如：菟絲、列當、桑寄生等。但寄主若有毒，寄生植物亦可通過寄生根的吸收作用，把有毒成分帶入其體內，如：馬桑寄生。

七、莖

有輸導、支持、貯藏及繁殖等功能，通常生長於地面以上，但某些植物的莖於地下，如：薑、黃精等。有些植物的莖則極短，葉由莖生出呈蓮座狀，如：蒲公英、車前草等。有些植物的莖能貯藏水分和營養物質，如：仙人掌的肉質莖貯存大量的水分，甘蔗的莖貯存蔗糖，芋的塊莖貯存澱粉。形態上，莖有節和節間之分，可與根區別。

(一)莖之類型：

1.依莖的質地分類：

(1) 木質莖：莖質地堅硬，木質部發達，這類植物稱木本植物。一般又分為3類：(a)若植株高大，具明顯主幹，下部少分枝者，稱喬木，如：杜仲、銀樺等；(b)若主幹不明顯，植株矮小，於近基部處發生出數個叢生的植株，稱灌木，如：白蒲姜、杜虹花等；(c)若介於木本及草本之間，僅於基部木質化者，稱亞灌木或半灌木，如：貓鬚草。

(2) 草質莖：莖質地柔軟，木質部不發達，這類植物稱草本植物。常分為3類：(a)若於1年內完成其生長發育過程者，稱1年生草本，如：紅花、馬齒莧等；(b)若在第2年始完成其生長發育過程者，稱2年生草本，如：蘿蔔；(c)若生長發育過程

編 語

多年生草本植物若地上部分某個部分或全部死亡，而地下部分仍保有生命力者，稱宿根草本，如：人參、黃連等；當植物保持常綠，若千年皆不凋者，稱常綠草本，如：闊葉麥門冬、萬年青等。

超過2年者，稱多年生草本。

(3) 肉質莖：莖質地柔軟多汁，肉質肥厚者，如：仙人掌、蘆薈等。

2.依莖的生長習性分類：

(1) 直立莖：直立生長於地面，不依附它物的莖，如：杜仲、紫蘇等。

(2) 纏繞莖：細長，自身無法直立，需依靠纏繞它物作螺旋狀上升的莖。其中呈順時針方向纏繞者，如：葎草；呈逆時針方向纏繞者，如：牽牛花；有的則無一定規律，如：獼猴桃。

(3) 攀緣莖：細長，自身無法直立，需依靠攀緣結構依附它物上升的莖。其中攀緣結構為莖卷鬚者，如：葡萄科、葫蘆科、西番蓮科植物；攀緣結構為葉卷鬚者，如：豌豆、多花野豌豆；攀緣結構為吸盤者，如：地錦；攀緣結構是鉤或刺者，如：鈎藤；攀緣結構是不定根者，如：薜荔。

(4) 匍匐莖：細長平臥地面，沿地面蔓延生長，節上長有不定根者，如：金錢薄荷、雷公根、蛇莓。若節上無不定根者，稱平臥莖，如：蒺藜。

金錢薄荷的莖屬於匍匐莖

> **編 語**
>
> 凡具上述纏繞莖、攀緣莖、匍匐莖或平臥莖者，即為藤本植物，又依其質地分為草質藤本或木質藤本。

(二) 莖之變態：

1.地下莖之變態：

(1) 根狀莖：常橫臥地下，節和節間明顯，節上有退化的鱗片葉，具頂芽和腋芽，簡稱根莖。有的植物根狀莖短而直立，如：人參的蘆頭；有的植物根狀莖呈團塊狀，如：薑、川芎、薑黃等；有的植物根狀莖細長，如：白茅、魚腥草等。

魚腥草的根狀莖細長，節和節間明顯。

薑黃的地下莖亦屬於根狀莖

薑屬於根狀莖

(2) 塊莖：肉質肥大，呈不規則塊狀，與塊根相似，但有很短的節間，節上具芽及鱗片狀退化葉或早期枯萎脫落，如：馬鈴薯。

(3) 球莖：肉質肥大，呈球形或稍扁，具明顯的節和縮短節間，節上有較大的膜質鱗片，頂芽發達，腋芽常生於其上半部，基部具不定根。如：荸薺。

荸薺屬於球莖

(4) 鱗莖：球形或稍扁，莖極度縮短(稱鱗莖盤)，被肉質肥厚的鱗葉包圍，頂端有頂芽，葉腋有腋芽，基部生不定根，如：洋蔥、韭蘭。

2. 地上莖之變態：

(1) 葉狀莖：莖變為綠色的扁平狀，易被誤認為葉，如：竹節蓼。

(2) 刺狀莖：莖變為刺狀，粗短堅硬不分枝或分枝，如：卡利撒。

(3) 鉤狀莖：通常鉤狀，粗短、堅硬無分枝，位於葉腋，由莖的側軸變態而成，如：鉤藤。

(4) 莖卷鬚：見於具

攀緣莖的植物，莖變為卷鬚狀，柔軟捲曲，如：野苦瓜。

(5) 小塊莖：有些植物的腋芽常形成小塊莖，形態與塊莖相似，具繁殖作用，如：山藥類的零餘子、藤三七的珠芽。

恆春山藥之零餘子屬於小塊莖

(三)重要名詞解釋：

(1) 節：莖上著生葉和腋芽的部位。

(2) 節間：節與節之間。

(3) 葉腋：葉著生處，葉柄與莖之間的夾角處。

(4) 葉痕：葉子脫落後，於莖上所留下的痕跡。

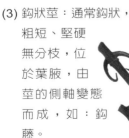

鉤藤藥材屬於鉤狀莖

筆筒樹的莖幹具有明顯的葉痕(箭頭處)

托葉

葉片

葉柄

葉的組成(圖例為長梗紫苧麻)

(5) 托葉痕：
托葉脫落後，
於莖上所留下
的痕跡。

烏心石屬於木
蘭科植物，其
節處具有明顯
的托葉痕(箭頭
處)。

(6) 皮孔：
莖枝表面隆起呈
裂隙狀的小孔，多呈淺褐色。

(7) 稈：禾本科植物(如：麥、稻、竹)
的莖中空，且具明顯的節，特稱
之。

八、葉

通常具有交換氣體、蒸散作用及進行
光合作用以製造養分等功能，而少數植物

的葉則具繁殖作用，如：秋海
棠、石蓮花等。

(一)葉的組成

包括葉片、葉柄及托葉等3部
分，其中葉片為葉的主要部分，常為綠
色的扁平體，有上、下表面之分，葉片
的全形稱葉形，頂端稱葉尖，基部稱葉
基，周邊稱葉緣，而葉片內分布許多葉
脈，其內皆為維管束，有輸導及支持作
用。葉柄常呈圓柱形，半圓柱形或稍扁
形，上表面多溝槽。托葉是葉柄基部的附
屬物，常成對著生於葉柄基部兩側，其形
狀呈多樣化，具有保護葉芽之作用。

(二)葉片形狀

此處的術語亦適用於描述萼片、花瓣

及其它扁平器官。

1. 針形：細長而頂尖如針。

2. 條形：長而狹，長約為寬的5倍以上，葉緣兩側約平行，上下寬度差異不大。

3. 披針形：長約為寬的4～5倍，近葉柄1/3處最寬，向兩端漸狹。

4. 倒披針形：與披針形位置顛倒之形狀。

5. 鐮形：狹長形且彎曲如鐮刀。

6. 橢圓形：長約為寬的3～4倍，葉緣兩側不平行而呈弧形，葉基與葉尖約相等。若葉緣兩側略平行，稱長橢圓形(或矩橢圓形)。若長為寬的2倍以下，稱寬橢圓形。

7. 卵形：形如卵，中部以下較寬，且向葉尖漸尖細。

8. 倒卵形：與卵形位置顛倒之形狀。

9. 心形：形如心，葉基寬圓而凹。

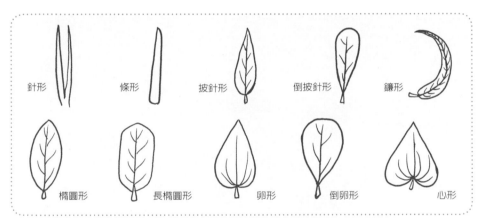

針形　條形　披針形　倒披針形　鐮形

橢圓形　長橢圓形　卵形　倒卵形　心形

10. 倒心形：與心形位置顛倒之形狀。

11. 腎形：葉片短而闊，葉基心形，葉片狀如腎臟形。

12. 圓形：形呈滾圓形者。

13. 三角形：形似等邊三角形，葉基呈寬截形而至葉尖漸尖。

14. 菱形：葉身中央最寬闊，上、下漸尖細，葉片成菱形者。

15. 匙形：倒披針狀，但葉尖圓似匙部，葉身下半部則急轉狹窄似匙柄。

倒心形　腎形　圓形　三角形　菱形

16.箭形：形似箭前端之尖刺。

17.鱗形：小而薄，形狀不定。

18.提琴形：葉身中央緊縮變窄細，狀如提琴者。

19.戟形：形似戟(古時槍頭有枝狀的利刃兵器)。

20.扇形：先端寬圓，向下漸狹，形如扇。

　　除了上述的葉片形狀外，還有許多植物的葉並不屬於上述的任何一種類型，可能是兩種形狀的綜合，如此就必須用其它的術語予以描述，如：卵狀橢圓形、長橢圓狀披針形等。

匙形　　箭形

鱗形　　提琴形

戟形　　扇形

(三)葉尖形狀：

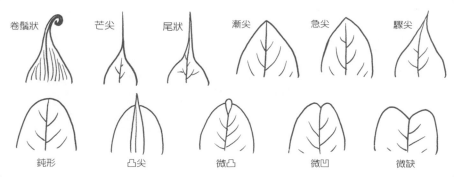

卷鬚狀　　芒尖　　尾狀　　漸尖　　急尖　　驟尖

鈍形　　凸尖　　微凸　　微凹　　微缺

(四)葉基形狀：

心形　　耳形　　楔形　　盾形　　歪斜

穿莖　　　抱莖　　　截形　　　漸狹　　　圓形

(五)葉緣種類

當葉片生長時，葉的邊緣生長若以均一速度進行，結果葉緣平整，稱全緣。但若邊緣生長速度不均，某些部位生長較快，有的生長較慢，甚至有的早已停止生長，其葉緣將不平整，而出現各種不同形的邊緣。

1.波狀：邊緣起伏如波浪。

2.圓齒狀：邊緣具鈍圓形的齒。

3.牙齒狀：邊緣具尖齒，齒端向外，近等長，略呈等腰 三角形。

4.鋸齒狀：邊緣具向上傾斜的尖銳鋸齒。若每一鋸齒上，又出現小鋸齒，則稱重鋸齒。

5.睫毛狀：邊緣有細毛。

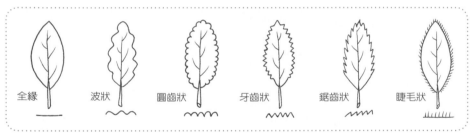

全緣　　　波狀　　　圓齒狀　　　牙齒狀　　　鋸齒狀　　　睫毛狀

(六)葉片分裂

葉片的邊緣常是全緣或僅具齒或細小缺刻，但某些植物的葉片葉緣缺刻深而大，呈分裂狀態，常見的分裂型態有羽狀分裂、掌狀分裂及三出分裂3種。若依葉片裂隙的深淺不同，又可分為淺裂、深裂及全裂3種：

1.淺裂：葉裂深度不超過或接近葉片寬度的1/4。

2.深裂：葉裂深度一般超過葉片

三出淺裂　　　三出深裂　　　三出全裂

掌狀淺裂　　　掌狀深裂　　　掌狀全裂

寬度的1/4。

3.全裂：葉裂幾乎達到葉的主脈，形成數個全裂片。

(七)單葉及複葉

植物的葉若1個葉柄上只生1個葉片者，稱單葉。但若1個葉柄上生有2個以上的葉片者，稱複葉。複葉的葉柄稱總葉柄，總葉柄以上著生葉片的軸狀部分稱葉軸，複葉上的每片葉子稱小葉，其葉柄稱小葉柄。而根據複葉的小葉數目和在葉軸上排列的方式不同，可分為下列幾種：

羽狀淺裂　　　羽狀深裂　　　羽狀全裂

馬拉巴栗的葉屬於掌狀複葉

1.三出複葉：葉軸上著生有3片小葉的複葉。若頂生小葉具有柄的，稱羽狀三出複葉，如：扁豆、茄苳。若頂生小葉無柄的，稱掌狀三出複葉，如：半夏、酢漿草等。

2. 掌狀複葉：葉軸縮短，在其頂端集生3片以上小葉，呈掌狀，如：掌葉蘋婆、馬拉巴栗。

3. 羽狀複葉：葉軸長，小葉在葉軸兩側排列成羽毛狀。若其葉軸頂端生有1片小葉，稱奇數羽狀複葉，如：苦參。若其葉軸頂端具2片小葉，則稱偶數羽狀複葉，如：望江南。若葉軸作1次羽狀分枝，形成許多側生小葉軸，於小葉軸上又形成羽狀複葉，稱二回羽狀複葉，如：鳳凰木。二回羽狀複葉中的第二級羽狀複葉(即小葉軸連同其上的小葉)稱羽片。若葉軸作

假木豆的葉屬於羽狀三出複葉

飛龍掌血的葉屬於掌狀三出複葉

黃連木的葉屬於奇數羽狀複葉

二次羽狀分枝，在最後一次分枝上又形成羽狀複葉，稱三回羽狀複葉，如：南天竹、辣木等。三回羽狀複葉中的第三級羽片稱小羽片。

4. **單身複葉**：葉軸上只具1個葉片，可能是由三出複葉兩側的小葉退化而形成翼狀，其頂生小葉與葉軸連接處，具一明顯的關節，如：柚子。

柚子的葉為單身複葉

(八)葉序種類

葉序指葉在莖或枝上排列的方式，常見有下列幾種：

1. **互生**：在莖枝的每個節上只生1片葉子。

2. **對生**：在莖枝的每個節上生有2片相對葉子。有的與相鄰的兩葉成十字排列成交互對生，如：薄荷。有的對生葉排列於莖的兩側成二列狀對生，如：女貞。

3. **輪生**：在莖枝的每個節上著生3或3片以上的葉，如：硬枝黃蟬、黑板樹等。

4. **簇生**：2片或2片以上的葉子著生短枝上成簇狀，又稱叢生，如：銀杏、臺灣五葉松等。

5. **基生**：某些植物的莖極為短縮，節間不明顯，其葉看似從根上生出，又稱根生，如：黃鵪菜、車前草等。

上述為典型的葉序型態，但同一植物可能同時存在2種或2種以上的葉序，像桔梗的葉序有互生、對生及輪生，而梔子的葉序也有對生及輪生。

互生　　　　　對生　　　　　輪生　　　　　簇生　　　　　基生

藥用植物之採收

藥用植物採收時間之掌握，對其產量及質量有著重大的影響。因為不同的藥用部分都有著一定的成熟時期，有效成分的量各不相同，藥性的強弱也隨之有很大的差異。如茵陳(菊科植物)的變化，即是「春為茵陳夏為蒿，秋季拔了當柴燒」。《用藥法象》說：「根葉花實採之有時，失其時則性味不全」。而老師傅傳授學徒時，更是強調：「當季是藥，過季是草」，這些都說明了適時採收對保證藥材質量的重要性。藥材種類繁多，不同藥用部位採收季節也有差異，一般分為下列幾種情況：

一、根及根莖類藥材

通常於秋冬季節植物地上部分枯萎時及初春發芽前或剛露芽時採收為宜。此時植物生長緩慢，約處於休眠狀態，根及根莖中貯藏的各種營養物質最豐富，有效成分的含量較高，所以，此時採收根及根莖

秤飯藤頭藥材為火炭母草的根

類藥材質量較好。

二、枝葉類藥材

通常以花蕾將開(花前葉盛期)或正當花朵盛開時植物枝葉茂密的全盛期(一般約在6～7月間)採收最好。如：荷葉於荷花含苞欲放或盛開時採收加工乾燥的，顏色綠、質地厚、氣清香，質量較好。

三、花類藥材

通常需於花含苞欲放或初開時採收，若盛開後採收的花不但有效成分含量降低，影響療效，而且花瓣容易脫落，氣味散失，影響質量。如：槐花和槐米，同一植物來源，前者為已開放的花，後者為含苞欲放的花蕾，都具清熱、涼血、止血的功效，分別測定其有效成分蘆丁(rutin)的含量，槐米約含23.5%，槐花約為13%，從某種意義來講，槐米藥用質量較槐花為優，用量小而效果好。

四、果實及種子類藥材

一般均在已經充分成長至完全成熟間採收，尤其是種子類，以免因果實過度成熟種子散落，不易收集。此時藥材本身貯存了一部分澱粉、脂肪、生物鹼、配醣體、有機酸等成分，又尚未用於供應種子有性繁殖時的營養消耗，相對的，有效成分含量較高，藥材質量較好。

五、全草類藥材

　　通常於植株充分成長，莖葉茂盛的花前葉盛期或花期採收，此時為植物生長的旺盛時期，有效成分含量最高。多年生草本植物割取地上部分即可，而一年生或較小植物則宜連根拔起入藥。

魚腥草藥材是以全草入藥

六、莖(藤木)類藥材

　　通常於植物生長最旺盛的花前葉盛期或盛花期採收，此時植物從根部吸收的養分或製造的特殊物質通過莖的輸導組織向上輸送，葉光合作用製造的營養物質由莖

向下運送累積貯存，在植物生長最旺盛時採收，植物藤莖所含的營養物質最豐富。

七、皮類藥材

　　莖幹皮大多於清明、夏至間採收最好，此時樹皮內液汁多，形成層細胞分裂迅速，皮木部容易分離、剝取，又氣溫高容易乾燥。而根皮則於秋末冬初挖根後，剝取根皮用之。但採收樹皮時，注意不可環剝，只能縱剝側面部分，以免植物死亡。

菊花藤屬於莖(藤木)類藥材，其切面具有特殊的菊花紋路，極易辨別。

藥用植物之加工

藥用植物採集後，雖然鮮品或乾品均可使用，但一般以乾品為主，因為乾品有容易貯藏、避免腐敗以及可縮短煎煮時間等優點，若是作為百草茶原料，乾品更可提升飲品之風味，去除臭青味。大多數的藥用植物採收後，應迅速加工乾燥，防止其黴爛變質，降低其藥效，若需切製者，原則上宜趁鮮切製，再乾燥，某些莖類藥材新鮮切製時，容易樹皮脫落，通常需先乾燥約2成，再進行切製即可。以臺灣民間青草藥之應用而言，藥材的加工通常只有：(a)淨撿或洗淨；(b)切製；(c)乾燥等3大步驟，不像中醫師習慣使用之藥材(習稱中藥)，需有繁雜的炮製過程，現將其乾燥分類及注意事項敘述如下：

(1)**曬乾或烘乾**：一般將採收的藥材，均勻撒開在乾燥的場地日曬，或先洗淨泥土後切片或切段，再進行曬乾，曬乾可說是最具經濟效益的乾燥法。如遇雨天或連續陰天則需用火烘乾，現代已有烘箱，可以50～60℃進行烘乾最適宜。部分植物在乾燥期間，葉子容易脫落或莖易折斷者，可曬至半乾時紮束成小把再繼續曬乾。

(2)**陰乾或晾乾**：即將採收後的原料植物，攤開薄鋪於陰涼通風乾燥處，或可紮束小把懸掛於竹竿上或繩索上，至完全乾燥後始收藏貯備用。如花類、芳香類或富含揮發油類成分的藥材適用此類乾燥法。

(3)**燙後乾燥**：有些肉質的藥用植物，若無烘乾器具設備，不容易乾燥者，可用開水燙後日曬，便容易乾燥，如：馬齒莧、土人參等。部分原料植物葉子容易脫落者，也可以用此法迅速燙一下，然後曬至完全乾燥，就不會使葉子脫落損失。

土人參為肉質植物，宜採燙後乾燥方法處理。

藥用植物之應用

　　此處所談應用，以藥材之用量、煎法及服法三大項為主，敘述如下：

(1)**藥材之用量**：指藥材的內服或外用劑量，根據劑量與藥效的關係，凡不能發揮療效的劑量，稱為「無效劑量」；剛出現療效作用時的劑量，稱為「最小有效劑量」；出現療效最大的劑量，稱為「極量」；介於最小有效劑量與極量之間，可有效地發揮療效的劑量，稱為「治療劑量」。臨床應用上，對於大多數人最適宜的治療劑量，稱為「常用量」，也就是正常情況下通常指一次配伍量或一次治療量，多數中藥材的最常用劑量為10公克(約3錢，臺灣民間方則以10公分表示)，由於病情、藥性的不同，其用量也會酌情增減。一般而言，質堅、體重、性平、味淡的藥物和滋補性藥物，用量會較重；質鬆、體輕、性毒、味濃的藥物或解表的芳香性藥物，用量會較輕。

(2)**藥材之煎法**：配伍好的藥物，應按醫囑煎煮，一般原則是，按處方調配後，將藥材置於煎藥器(習慣用砂鍋或瓦罐)中，加入清水，水量以浸沒過藥材約2～4公分為宜，浸泡30分鐘，置火上以武火加熱煎煮，沸後，以文火保持沸騰30分鐘，用紗布篩濾出煎液。藥渣再加水煎煮20分鐘，濾液作為二煎備用。滋補性藥材可以再煎一次。而一般解表藥物、含有揮發性成分的藥物或輕薄的花葉類，可在其他藥物沸騰10～15分鐘後再放進鍋中，煎5～10分鐘即可，即所謂的「後下」，但薄荷於入百草茶時，可於火熄後，再置入密蓋，此時清涼效果最佳。

薄荷為典型的後下藥材

(3)**藥材之服法**：通常因病情而異，主要可考慮下列幾點：(a)服藥量：一般每天1劑、煎服2次。每劑藥物一般煎2次，有些補藥也可煎3次。每次煎好的藥汁約250～300毫升，可以頭煎、二煎分服，也可將二次煎汁混合後分2～3次服用。(b)服藥時間：一般補藥在飯前服；驅蟲藥或瀉藥，多在空腹服；健胃藥和對腸胃有較大刺激者應在飯後服；安神藥應在睡前服；急性病症應隨時服。(c)服藥的冷熱：湯劑一般均應溫服，但對於寒性病症則宜熱服，熱性病症應冷服。發散風寒藥，宜熱服；治嘔吐或解藥物中毒用藥時，宜冷服等。

藥用植物
各論

生根卷柏

Selaginella doederleinii Hieron.

【科　　別】卷柏科

【別　　名】石上柏、龍鱗草、深綠卷柏、山扁柏。

【植株形態】主莖直立、株高約30公分，分枝多，有根支體。小葉兩型，中葉卵形，緊貼莖上，側葉長橢圓形，基部長於莖上，葉尖向外，側葉比葉大，兩者在莖上之位置均排列相當整齊。孢子囊穗四面體形。

【生態環境】分布於中國大陸、日本、越南、印度等地。台灣原生於低、中海拔山區，喜著生於陰濕之環境、林道兩旁之邊坡、原始林下、潮濕之岩壁。在適宜之環境下常成群落聚生，也常與其他種卷柏伴生。

【使用部位】全草。

【性味功能】性涼，味微澀。能祛風、解熱、利濕、消腫、止痛、活血、祛瘀、抗癌，治肺炎咳嗽、咽喉腫痛、氣管炎、結膜炎、黃疸、肝炎、膽囊炎、乳腺炎、扁桃腺炎、肝硬化腹水、肺癌、鼻咽癌、肝癌等。

【經驗處方】(1) 治肝炎：全草5錢至1兩，水煎服。

海金沙

Lygodium japonicum (Thunb.) Sw.

〔 科　　別 〕海金沙科

〔 別　　名 〕珍中毛、鼎炊藤、打瑙髦。

〔植株形態〕蔓藤類，葉片可連續無限制地生長，長可達10公尺以上，羽片2～3回，孢子囊兩列併排於小羽片之指狀裂片上。

〔生態環境〕分布於熱帶至亞熱帶地區，如中國大陸、日本、韓國、澳洲、印度、馬來西亞、菲律賓等。台灣原生於中海拔以下地區，喜著生於開闊之草原，林道兩邊、灌木叢中，對光線適應性佳，從中度遮陰至全日照下均生長良好。

〔使用部位〕全草(或孢子)。

〔性味功能〕性寒，味甘。孢子治淋病、水腫、尿道炎。全草治黃疸、下痢、腰痛、牙痛。

〔經驗處方〕(1) 海金沙散，治五淋。(本方組成藥材：當歸、大黃、川牛膝、木香、雄黃、海金沙)

(2) 帶狀疱疹：全草乾品燒灰，調茶油敷患部。

(3) 腎炎：鮮葉搗爛炒過，加苦茶油煎青殼鴨蛋服。

(4) 急性尿道炎：本品1兩加甘草2錢，水煎服。

(5) 熱淋急痛：本品適量加甘草，水煎服。

海金沙的根亦被單獨入藥

海州骨碎補

Davallia mariesii Moore _ex_ Bak.

【 科　　別 】骨碎補科

【 別　　名 】猴蓋、臺灣骨碎補、骨碎補。

【植株形態】株高約25公分，根莖直徑約0.5公分，布滿鱗片，先端之鱗片鮮黃褐色，漸轉為暗褐色。四回羽狀深裂，葉身長約30公分，寬約30公分，柄長約20～25公分。孢膜管狀，著生於裂片之細脈先端。

【生態環境】分布日本、韓國、中國大陸。台灣原生全島中海拔以下山區。喜著生於樹幹上或岩石上，在原始林中之樹幹上常與蘚苔類伴生，喜半日陰潮濕之環境。在乾旱之季節，葉子掉落，根莖宿存，待水分補充時可再萌芽生長。

【使用部位】根莖。

【性味功能】性溫，味苦。能堅骨、補腎、祛風除濕、活血止痛，治腎虛腰痛、筋骨酸痛、關節痛、跌打損傷等。

【經驗處方】(1) 治腰痛：鮮品5兩，燉排骨食之。

腎蕨

Nephrolepis auriculata (L.) Trimen

【 科　　別 】蓧蕨科

【 別　　名 】球蕨、鳳凰蛋、鐵雞蛋、山豬睪丸。

【植株形態】株高約50～60公分。一回羽狀複葉,葉身長約80～90公分,寬約6～7公分,柄長約15～20公分。莖有三形,一為上面長葉之短縮莖、二為會長小苗之匍匐莖、三為塊莖,含多量水分並有茅點。孢子囊群為腎形,著生於羽片主脈與羽片邊緣之間。鱗片為金黃色,半透明基部中間色深,毛為金色多細胞毛。

【生態環境】分布於熱帶亞洲,台灣全島廣泛分布。對光線適應性佳,全日照,下葉片較窄,隨遮光程度越高,葉片越寬。生性強健,耐濕、耐旱,常著生於林道兩旁、岩縫、岩壁、邊坡、樹林下。雖屬熱帶植物,但對低溫忍受性強。

【使用部位】塊莖。

【性味功能】性平,味苦。能解熱,治淋巴結核、肝病等。

【經驗處方】(1) 治慢性支氣管炎:塊莖5錢,水煎服。

　　　　　(2) 血癌、痛風:鮮塊莖4兩,絞汁服。

　　　　　(3) 高血壓:鮮塊莖10粒,加冰糖水煎服。

　　　　　(4) 刀傷:鮮葉適量,搗爛外敷。

　　　　　(5) 耳疔:鮮塊莖搗汁滴耳內。

　　　　　(6) 急性盲腸炎:鮮塊莖30粒,加二次洗米水煎服。

　　　　　(7) 塊莖可當食品吃。

箭葉鳳尾蕨

Pteris ensiformis Burm.

〔 科　　別 〕鳳尾蕨科

〔 別　　名 〕鳳尾草、井邊草、三叉草。

〔植株形態〕株高50～80公分，根莖短、匍匐，一至二回羽狀複葉，葉身長約70～80公分，葉柄長約30～40公分，葉寬約14～30公分，孢子囊群線形，著生於羽片邊緣。鱗片褐色不透明，0.1～0.2公分，鉤狀。

〔生態環境〕分布於中國大陸、印度、錫蘭、日本等地之熱帶及亞熱帶地區。台灣全島中海拔以下地區可見。常著生於竹林下、林道兩旁及邊坡。耐熱，對光線適應佳。因被濫採作為青草茶配方材料之一，族群數量已降低，應停止至原生地之採摘行為。

〔使用部位〕全草。

〔性味功能〕性寒，味甘、苦。能清熱利濕、涼血止痢、消炎止痛，治痢疾、肝炎、尿道炎、鼻衄、咳血、牙痛、喉痛、口腔炎等。

〔經驗處方〕(1) 治腸炎：箭葉鳳尾蕨、小飛揚草、咸豐草、白花草、人莧等。

(2) 治扭傷腰骨：鳳尾草為末1～2兩，和雞蛋煎水，以糯米酒沖服。

(3) 治刀傷出血：鳳尾草4兩、白芨1兩、地榆1兩，將上藥製成粉末，外敷。

鳳尾蕨

Pteris multifida Poir.

【科　　別】鳳尾蕨科
【別　　名】鳳尾草、井邊草。
【植株形態】株高約18公分，葉身長約28公分，寬約12公分，葉柄長約6公分，二回羽狀複葉。孢子囊群線形，著生於小羽片邊緣。
【生態環境】分布於中國大陸、南韓、日本，台灣全島低海拔地區零星散布。常著生於石縫、磚牆縫、小水溝旁等地，好潮濕半遮陰之處。生性強健，栽培容易。
【使用部位】全草。
【性味功能】性微寒，味苦。能清熱、利濕、消腫、解毒，治痢疾、肝炎、尿道炎、咳血、牙痛、口腔炎等。
【經驗處方】(1) 《本草綱目》記載：葉治腸痔瀉血，與甘草浸酒服。
(2) 培末油調，搽小兒白禿瘡。
(3) 製青草茶飲，可治中暑。
(4) 治痢疾：本草加(紅)乳仔草、咸豐草，水煎服。
(5) 治霍亂：本草加酢漿草、雷公根，水煎服。

抱樹蕨

Lemmaphyllum microphyllum Presl

【 科　　別 】水龍骨科

【 別　　名 】伏石蕨、抱樹蓮、螺屬草。

【植株形態】平舖樹幹上或岩壁上，高約3公分，根莖細、匍匐。單葉，葉兩型：營養葉長約1.5公分，葉寬0.8公分，幾無葉柄；孢子葉長約4公分，寬約0.4公分，柄長約1.3公分。孢子囊群長條形，在孢子葉之中肋兩旁各一條。鱗片盾形，淡黃透明，有極明顯之深褐色方格紋，全株無毛。

【生態環境】分布於日本、韓國、印度、中國大陸。原生於台灣全島中海拔以下之山林野地，好著生於潤葉樹之樹幹上及岩壁上，攀緣性極強，生育旺盛，常大片著生，族群尚稱豐富，喜濕但不積水之處，霧林帶尤其豐富。

【使用部位】帶根全草。

【性味功能】性寒，味甘、微苦。能涼血解毒、潤肺止咳，治肺癰、咳血、衄血、尿血、白帶、關節炎、跌打等。

【經驗處方】(1) 治飛蛇：抱樹蕨與糯米，共搗外敷。

臺灣天仙果

Ficus formosana Maxim.

【科　　別】桑科
【別　　名】細本牛乳埔、流乳根、羊乳埔、羊奶樹。
【植株形態】多年生常綠灌木，軸根長，嫩枝有毛。葉具短柄，紙質，長倒卵形或倒披針形，葉緣間有不規則裂缺。隱花果腋出，卵形或倒卵形，先端凸起，綠色而有白色斑點，成熟時變紫黑色，種子小。
【生態環境】本地區平野或山坡地野生，或庭園栽培，以種子繁殖，種前要先洗過，才會發芽。
【使用部位】根及粗莖(藥材稱羊奶頭)。
【性味功能】性平，味甘、微澀。能柔肝和脾、清熱利濕、補腎陽，治肝炎、腰肌扭傷、水腫、小便淋痛、糖尿病、陽萎等。
【經驗處方】(1) 下消：根加龍眼根各8錢，芙蓉根、烏面馬、白馬鞍藤各5錢，半酒水，燉豬小肚服。
(2) 風濕痛：根加馬纓丹、山葡萄各8錢，紅刺楤、白粗糠各4錢，半酒水燉排骨服。
(3) 腰酸背痛：全草加楮梧各3錢，燉豬腳服。
(4) 腰扭傷：本品3兩，燉豬尾椎骨服。
(5) 壯陽：根4兩，燉排骨服。

桑樹

Morus alba L.

【 科　　別 】桑科

【 別　　名 】蠶仔樹、白桑、家桑、桑材仔。

【植株形態】多年生落葉性灌木或小喬木，細枝光滑。葉卵形，互生，初有細毛，葉緣為粗鋸齒狀。單性花，黃綠色，雌雄異株，葉和花同時開放，雄花為荑黄花序，雌花為穗狀花序，花期4～5月。果實為多花聚合果，果期6～7月。

【生態環境】本地區野外自生或人工栽培。以扦插或種子來繁殖。

【使用部位】全株。

【性味功能】(1)葉：性寒，味苦、甘。有清肝、解熱、明目之功效。(2)根皮(稱桑白皮)：性寒，味甘。有利尿、解熱、祛痰、鎮咳之功效。(3)桑枝：性平，味微苦。有消炎、祛風、益關節之功效。(4)桑椹：性溫，味甘。有滋陰補腎、養血之功效。

【經驗處方】(1) 解熱、感冒頭痛：桑枝葉5～6兩，煎水服。

(2) 治肺熱咳嗽：桑白皮3錢、地骨皮3錢、甘草1錢，水煎服。

(3) 治頭目眩暈、失眠：桑果絞汁或乾品煎水常服。

(4) 果(稱桑椹)可食。

桑枝藥材

竹節蓼

Muehlenbeckia platyclada (F. V. Muell.) Meisn.

〔科　　別〕蓼科

〔別　　名〕蜈蚣草、節節草、對節蓼、對節草。

〔植株形態〕多年生常綠灌木，根分枝多，莖多分枝，綠色扁平光滑，莖高150～250公分。單葉小，互生，長橢圓形，葉柄短，葉片早落稀少。花小，開於小枝節上，綠白色。花被5裂，花期春至秋。果實為瘦果，三角形，被包於紅色花被內，種子細小。

〔生態環境〕本地區栽培於庭園內，以扦插、分株或分芽繁殖。

〔使用部位〕莖、葉。

〔性味功能〕性微寒，味甘、酸。能清熱解毒、散瘀消腫，治帶狀疱疹、毒蛇咬傷、蜈蚣咬傷、跌打損傷等。

〔經驗處方〕(1) 帶狀疱疹：全草鮮品1兩、甜珠草鮮品1兩，搗爛加米漿外敷患處。

(2) 毒蛇咬傷：全草鮮品2兩，搗碎外敷傷口。

(3) 蜈蚣咬傷：同上(2)法。

何首烏

Polygonum multiflorum Thunb. **_ex_** Murray

【 科　別 】蓼科

【 別　名 】首烏、赤首烏、夜交藤、
多花蓼、白雞尿藤。

【植株形態】多年生蔓藤類，莖纏繞
性。葉互生，葉鞘膜質，
葉長卵形，全緣。圓錐花
序，花小，白綠色。瘦果
橢圓形。

【生態環境】人工栽培。

【使用部位】塊根切片炮製可供藥材使
用。

【性味功能】性溫，味苦、甘、澀。能
補肝腎、益精血、烏鬚
髮、潤腸、解毒散結、養
心安神，治血虛體弱、腰
膝酸痛、鬚髮早白、膽固醇過高、冠心病、神經衰弱、
失眠、頭暈、盜汗、癰癤等。民間流傳有返老還童、延
年益壽之功。

【經驗處方】(1) 葉煎蛋，可鎮咳。

(2) 塊根切片可製良藥，能補腎益肝。

紫茉莉

Mirabilis jalapa L.

【 科　　別 】紫茉利科

【 別　　名 】煮飯花、胭脂花、粉團花、野茉莉、晚香花。

【植株形態】多年生宿根性草本，塊根紡錘形，外表呈黑褐色。葉全緣，對生，近卵形，長約4～10公分，寬約2～5公分，莖枝稍有膨大狀。夏秋開白色或紅色花，花萼呈花冠狀，萼管5裂，長約4～5公分，無花瓣。核果球形，黑色。

【生態環境】本地區多栽培於庭園，亦見平野自生，主要以種子進行繁殖。

【使用部位】塊根。

【性味功能】性涼，味甘、淡。能清熱解毒、活血散瘀、利尿，治關節炎、胃潰瘍、前列腺炎等。

【經驗處方】(1) 關節炎：紫茉莉根3兩，水煎服。

　　　　　　(2) 胃潰瘍：紫茉莉根1兩，水煎服。

　　　　　　(3) 扁桃腺炎：鮮紫茉根搗汁，滴患處。

　　　　　　(4) 痔瘡：鮮根2兩，燉瘦肉服。

　　　　　　(5) 各種癌腫：塊根削皮，燉服

【 編　　語 】本植物的葉可治創傷、疥癬、癰疽，種子磨成粉末能治粉刺。

馬齒莧

Portulaca oleracea L.

【科　　別】馬齒莧科

【別　　名】瓜子菜、五行草、豬母乳、豬母菜、長命菜。

【植株形態】一年生伏地、肉質草本，主根粗而短，莖淡紫紅色。葉互生，肉質形似瓜子。花小，色黃，腋生或頂生。蒴果橢圓形，從中部裂開，有許多黑色種子。

【生態環境】本地區平野常見野生，種子繁殖或扦插繁殖。

【使用部位】全草。

【性味功能】性寒，味酸。能清熱解毒、散瘀消腫、涼血止血、除濕通淋，治熱痢膿血、血淋、癰腫、丹毒、燙傷、帶下、糖尿病等。

【經驗處方】(1) 糖尿病：本品加小飛揚各1兩，水煎當茶喝。

(2) 高血壓：本品4兩，水煎服。

(3) 肺病：鮮品適量，煮食或絞汁服。

(4) 蜈蚣咬傷：鮮品搗汁塗之。

(5) 惡瘡：鮮品搗爛外敷。

(6) 濕疹：本品4兩，水煎洗[illegible]。

巴參菜

Talinum triangulare (Jacq.) Willd.

〔科　　別〕馬齒莧科

〔別　　名〕人參菜、稜軸土人參、稜軸假人參。

〔植株形態〕多年生草本，株高30～60公分，具肉質紡錘根及鬚根，似人參狀，主根粗，枝根少而短，莖肉質，直立多分枝。葉互生或近對生，倒披針狀長橢圓形，先端鈍或微凹，基部狹楔形，全緣，稍肉質。圓錐花序頂生，花瓣5枚，長橢圓形或倒卵形，紫紅色，全年均能開花。蒴果近球形，薄膜質，熟時黃褐色。

〔生態環境〕本地區庭園栽培，以種子繁殖或扦插，但水份不可過多，水份過多會爛根而死亡。

〔使用部位〕全草或根。

〔性味功能〕性涼，味甘。能安腦醒腦、補中益氣、助筋絡活血，治痴呆症、精神分裂症、失眠、耳鳴、貧血、營養失調、四肢無力、腎虛腰酸痛等。

〔經驗處方〕(1) 精神分裂症：本品嫩莖葉炒煮，當蔬菜吃或絞汁當茶喝，或老莖葉、根適量，水煎當茶喝。

(2) 腦神經受創：本品適量，水煎當茶喝。

(3) 用腦過度：本品適量，水煎當茶喝或嫩莖葉當蔬菜煮食。

(4) 本品嫩葉、嫩莖有如假人參，可當蔬菜煮食。

菁芳草

Drymaria diandra Blume

【科　　別】石竹科

【別　　名】荷蓮豆草、乳豆草、蚋仔草、野豌豆草。

【植株形態】一年生草本，鬚根，莖細而柔弱，節上生根。單葉對生，具短柄，膜質，卵形或近卵形。花綠色，生於枝頂或葉腋，排成聚傘花序。種子細小。

【生態環境】本地區田野旱地到處可見野生，以種子繁殖或扦插。

【使用部位】全草。

【性味功能】性涼，味苦、微酸。能清熱解毒、利尿消腫、活血消腫、退翳通便，治急性肝炎、黃疸、胃痛、瘧疾、腹水、便秘、瘡癤癰腫等。

【經驗處方】(1) 小兒胎毒：全草鮮品加馬蹄金、龍舌癀、芙蓉心、馬鞭草各半兩，搗汁1～2湯匙加蜜服。

(2) 嬰兒肺炎：鮮草搗汁1～2湯匙加冬蜜服。

(3) 破傷風：鮮草適量，搗汁半碗加蜜服。

(4) 尿毒：全草鮮品4兩，水煎服。

(5) 肺癆：鮮品適量，搗汁加蜜服。

(6) 蚊子咬傷：鮮草揉汁擦。

(7) 小兒發燒：鮮品加馬蹄金、紫背草各5錢，搗汁加蜜服。

紅田烏

Alternanthera sessilis (L.) R. Br.

【科　　別】莧科

【別　　名】滿天星、田邊草、紅花蜜菜、田烏草、紅花墨菜。

【植株形態】一年生匍匐性草本，細根，莖纖細。葉對生，無柄，長橢圓形，葉有綠色和暗紅色兩種，紅色稱紅田烏，綠色稱旱蓮草。花腋生，白色，數個頭狀花序成球形。萼片5枚，雄蕊3枚，花絲短，花藥卵形。瘦果倒心形，稍扁平。

【生態環境】本地區平野或水溝邊野生，或庭園栽培。扦插繁殖或播種繁殖。

【使用部位】全草。

【性味功能】性寒，味甘。能清熱、利尿、解毒，治咳嗽吐血、腸風下血、淋病、腎臟病、痢疾等。

【經驗處方】(1) 肺熱咳血：全草2兩，搗汁加鹽加溫後服。

　　　　　　(2) 疔瘡腫毒：鮮品搗爛外敷，日換2次。

　　　　　　(3) 胃出血：鮮草半斤，搗汁服；或4兩燉冰糖服或燉瘦肉服。

　　　　　　(4) 濕疹、疥癬：全草適量，水煎後泡洗。

　　　　　　(5) 打傷吐血：鮮品加遍地錦適量，搗汁加蜜服。

　　　　　　(6) 子宮收縮不完全之漏血：本品(乾)燉瘦肉服。

　　　　　　(7) 流鼻血：本品1把(約3兩)燉瘦肉服。

牛樟

Cinnamomum kanehirae Hayata

〔科　　別〕樟科

〔別　　名〕樟、樟樹、樟腦樹。

〔植株形態〕多年生常綠喬木，根長分枝多，莖粗高、直立、多分枝。葉互生，革質，卵狀橢圓形或卵形，全緣或有波狀，上面深綠色有光澤，背面灰綠色或粉白色，揉碎有香氣。圓錐花序腋生，花白綠色或淡黃色。核果球形，初為綠色，成熟時紫黑色，種子小而多。

〔生態環境〕本地區到處都有野生，以種子繁殖，或因鳥類吃果實到處糞便而傳播野生。樟樹類品種有(1)香樟(2)花樟(3)牛樟，用途各異。牛樟葉比香樟寬是台灣特有種，味較苦，並帶有香氣，台東深山產量不少。可扦插繁殖

〔使用部位〕全株。

〔性味功能〕性溫，味辛、苦。能袪風濕、行氣血、利關節，牛樟老樹幹長菇或靈芝，可治各種癌症，全株富含樟腦油，可殺蟲驅蟲。

〔經驗處方〕(1) 治各種癌症：牛樟靈芝或菇，切片水煎服，一片可煎數次，肝癌效果最好，另加其他藥草可治各種癌症。

(2) 蜈蚣咬傷：鮮皮水煎服。

(3) 腳臭：適量鮮葉揉碎，放入鞋內即可除臭。

(4) 富貴手：鮮葉適量，水煎服，薰洗。

(5) 蕁麻疹：鮮根及莖加月桃頭各3兩，水煎泡洗。

(6) 樟腦油：驅蟲、殺蟲劑。

(7) 牛樟芝在民間用來解毒、解酒、防癌、抗肝炎、抗肝硬化，治肝癌、胃腸病、腎炎、糖尿病等。

【注意事項】樟腦油只能外用，不可內服。

串鼻龍

Clematis gouriana Roxb. *ex* DC. subsp. *lishanensis*
Yang & Huang

〔 科　　別 〕毛茛科
〔 別　　名 〕小木通、飛蛇草、梨山小蓑衣藤、小簑衣草。
〔植株形態〕多年生藤本，根多分枝，莖綠色至褐色，有密毛，一年後脫落。奇數羽狀複葉，對生，小葉3～7片，全緣或具有2～3闊齒，兩面均具短毛。圓錐花序腋生，兩性花，白色，子房上位。瘦果扁卵形，種子黑色。
〔生態環境〕本地區平野山坡地到處可見，以種子繁殖。
〔使用部位〕根或莖葉
〔性味功能〕性溫，味辛。能行氣活血、祛風除濕、止痛，治跌打損傷、瘀滯疼痛、風濕骨痛等。
〔經驗處方〕(1) 帶狀疱疹(飛蛇)：鮮品莖葉3兩，搗汁塗患處。
　　　　　　(2) 慢性盲腸炎：鮮品搗汁半碗加酒半碗，燉瘦肉服。
　　　　　　(3) 急性盲腸炎：鮮品搗汁，沖酒服。
　　　　　　(4) 透掌疔：鮮品加冷稀飯，搗爛外敷。
　　　　　　(5) 淋病：鮮品5錢、海金沙5錢、金絲草5錢，加黑糖少許，水煎濃服。
　　　　　　(6) 腫毒：鮮葉4兩、落地生根葉4兩，搗爛加少許黃柏粉外敷。
〔成分分析〕本品含白頭翁素。

寬筋藤

Tinospora crispa (L.) Hook. f. & Thoms.

〔科　　別〕防己科

〔別　　名〕波葉青牛膽、多瘤寬筋藤、苦藤、發冷藤。

〔植株形態〕多年生藤本，有氣根，莖散生瘤突狀皮孔。單葉互生，具柄，葉片闊卵狀圓形，先端急尖，基部淺心形。總狀花序，先葉抽出，花雌雄異株，花冠淡綠色。核果近球形，熟時變紅色。

〔生態環境〕本地區庭園栽培，多在籬笆旁或樹下，可以莖扦插繁殖。能耐旱，但怕水份過多。

〔使用部位〕莖及葉。

〔性味功能〕性涼，味極苦。能舒筋活絡、祛風除濕、消炎消腫，治糖尿病、跌打損傷、骨折、毒蛇咬傷、癰癤腫毒、痢疾、瘧疾等。

〔經驗處方〕(1) 糖尿病：莖5錢，水煎服或燉豬尾椎骨服。

(2) 刀傷：鮮葉適量，搗爛外敷。

(3) 坐骨神經痛：本品莖加黃金桂、大葉千斤拔各2兩，燉豬尾椎骨服。

(4) 風濕關節炎：本品莖1兩半加桑枝、松節各1兩半，水煎服。

(5) 跌打斷筋：本品莖1兩半，半酒水燉豬尾椎骨服。

(6) 全身筋骨疼痛：本品莖加植梧、鐵包金各2兩，燉排骨服。

(7) 取本品適量，煮茶飲，可解炎夏之口渴。

〔注意事項〕本品莖極苦，用量不可過多。

辣木

Moringa oleifera Lam.

【 科　　別 】辣木科

【 別　　名 】山葵樹、臭豆樹、鼓槌樹。

【植株形態】多年生喬木，有塊根(辣味)。葉為羽狀複葉。果實為長蒴果，種子有翅。

【生態環境】本地區庭園栽培，以種子繁殖。同屬約13種，原生於印度南部和非洲。

【使用部位】全株。

【性味功能】性溫，味辛。根部、幼果及葉皆可食用。葉萃取液可刺激胰島素的分泌，有效降低非胰島素依賴型糖尿病病人之血糖，另治高血壓、皮膚病、貧血、骨質疏鬆症、關節炎等。

鐵掃帚

Lespedeza cuneata (Dum. d. Cours.) G. Don

【科　　別】豆科

【別　　名】千里光、大本雨蠅翅、半天雷、雷公屁。

【植株形態】多年生直立小灌木，莖細長。葉互生，三出複葉，小葉
先端截平，基部楔形，背面密生白色柔毛。花白色，
2～4朵腋生，花冠蝶形。

【生態環境】本地區平野自生或庭園栽培，可扦插繁殖或分芽繁殖。

【使用部位】全草。

【性味功能】性涼，味甘、苦、澀、辛。能清熱解毒、利濕消積、散
瘀消腫、補肝腎、益肺陰，治哮喘、跌打、胃痛、瀉
痢、目赤腫痛等。

【經驗處方】(1) 眼炎、眼紅：本品加龍葵、小本山葡萄、洋波頭各5
錢，燉雞肝服。

(2) 腎炎、腎水腫：本品1兩，水煎服。

(3) 假性近視：本品加木賊、谷精子、黃精各3錢，水3
碗煎1碗半，分2次服。

(4) 黃疸肝炎：根4兩、瘦肉1兩，燉服，連服半個月。

(5) 糖尿病：本品4兩加車前草3兩，水煎服。

望江南

Senna occidentalis (L.) Link

【 科　　別 】豆科

【 別　　名 】羊角豆、石決明、野扁豆。

【植株形態】一年生灌木狀草本，高約50～150公分。葉互生，偶數羽狀複葉，全緣，小葉披針形，長約3～8公分，寬約1～3公分。夏季開花，頂生或腋生，花黃色，5枚花瓣。莢果扁平，長約8～10公分，種子扁圓形。

【生態環境】本地區荒野地可見蹤跡，以種子進行繁殖。

【使用部位】種子。

【性味功能】性寒，味苦。能清肝明目、解熱健胃、消腫解毒，治頭痛、目赤、哮喘、腹痛、消化不良、痢疾等。

【經驗處方】(1) 治下痢腹痛：望江南2兩，水煎服。

(2) 治高血壓：望江南種子炒焦研末，每次約1錢。砂糖適量，沖開水服用。

(3) 治視力退化：望江南種子適量，煎水服。

重陽木

Bischofia javanica Blume

【科　　別】大戟科

【別　　名】茄冬、秋楓樹。

【植株形態】多年生常綠喬木，根粗而長，莖高可達20公尺。三出複葉互生，小葉卵形或卵狀橢圓形，紙質，葉緣有鋸齒。花單性，雌雄異株，圓錐花序，腋生，花淡綠色，無花瓣，萼片5枚，覆瓦狀排列。雄花雄蕊5枚，退化子房盾形。雌花子房3～4室，花柱3枚，不分裂。漿果球形，種子長圓形。

【生態環境】本地區山坡荒地野生或道路行道樹，以種子繁殖。

【使用部位】根、樹皮、枝、葉、果。

【性味功能】性涼，味辛、苦、微酸。(1)葉有解熱、消炎之功，治食道癌、胃癌、傳染性肝炎、小兒疳積、風熱咳喘、咽喉腫痛等；外用治癲疽、瘡瘍。(2)根及樹皮治風濕骨痛。(3)果可治糖尿病。

【經驗處方】(1) 肺炎：心葉搗汁加鮮蔓澤蘭搗汁各半碗，調後加蜜服；或根6兩，水煎服也有效。

(2) 糖尿病：鮮果3兩，燉雞服。

(3) 感冒發燒：根4兩，水煎服；或心葉3兩，水煎服，要加蜜。

(4) 無名腫毒：鮮葉搗爛外敷。

(5) 便秘發燒：心葉搗汁2杯加鹽，分2次服。

(6) 胃病：根半斤，燉雞服。

(7) 補血、養血：鮮根半斤，燉雞服。

七日暈

Breynia officinalis Hemsley

【科　別】大戟科

【別　名】紅心仔、紅薏仔、大本紅雞母珠。

【植株形態】多年生灌木，高1～3公尺，枝常呈紫紅色，小枝灰綠色，全株光滑。單葉互生，具短柄，葉片卵形或寬卵形，全緣，葉面脈紋淺色明顯。花極小，無花瓣，單生或2～4朵簇生，雌花位於小枝上部，雄花位於小枝下部，皆腋生，或雌雄花生於同一葉腋內，或分別生於不同小枝上。果近球形，直徑約0.6公分，深紅色，位於擴大的宿存萼上。

【生態環境】原生台灣低海拔山區。

【使用部位】根及莖。

【性味功能】性寒，味苦、酸。能清熱解毒、活血化瘀、散瘀止痛、抗過敏、止癢，治感冒、扁桃腺炎、支氣管炎、風濕關節痛、急性胃腸炎等。

【經驗處方】(1) 梅毒：根5錢，半酒水燉青殼鴨蛋服。

(2) 閃腰：鮮葉2兩，搗爛沖酒分兩次服，特效。

(3) 治麻瘋：本品五錢，水酒各半燉青殼鴨蛋服。

(4) 乳癌：莖3～5錢，燉青殼鴨蛋服。

【注意事項】本種為有毒植物，傳說馬吃了會暈七日，故名，可見其毒性之強。使用時請依醫師指示服用。

扛香藤

Mallotus repandus (Willd.) Muell.-Arg.

【 科　　別 】大戟科

【 別　　名 】桶鉤藤、糞箕藤、桶交藤。

【植株形態】年生常綠蔓性灌木，枝稍蔓狀，密被黃褐色柔毛。葉互生，卵形，全緣或波狀細齒緣，背面有星狀毛。花雌雄異株，雄花呈圓錐花序，萼片3～4，卵形、有腺，雄蕊40～75枚；雌花呈總狀花序，萼片5，披針形，子房2室，柱頭羽狀。蒴果密生黃褐色短絨毛。

【生態環境】本地區中、低海拔野生，喜生斜壁或礫質地上。

【使用部位】根(或莖葉)。

【性味功能】性寒，味甘、微苦。能祛風除濕、活血通絡、解毒消腫、驅蟲止癢，治風濕痺腫、慢性潰瘍、毒蛇咬傷、蛔蟲病、跌打損傷、癰腫瘡瘍、濕疹、風濕關節炎、腰腿痛、產後風癱；外用治跌打損傷。

【經驗處方】(1) 風濕病：本品藤4～8錢，水煎服。

　　　　　　(2) 小兒慢脾：本品藤5錢，加二次洗米水，燉瘦肉服。

　　　　　　(3) 肝炎、肝硬化：本品藤4兩加金針根1兩，水7碗煎3碗，當茶喝。

　　　　　　(4) 小兒疳積：本品藤加橄欖根、狐狸尾，燉瘦肉服。

　　　　　　(5) 牙痛、神經痛、心火大：藤5錢，水煎服。

食茱萸

Zanthoxylum ailanthoides Sieb. & Zucc.

【科　　別】芸香科

【別　　名】紅刺蔥、大葉刺楤、刺楤、茱萸。

【植株形態】多年生落葉喬木，根長而粗，莖常有圓環狀，凸出的銳刺。葉奇數羽狀複葉，小葉11～27對，葉緣具淺圓鋸齒。單性花，繖房狀圓錐花序頂生，淡青或白色或黃綠色。果實為蓇果，球形，種子黑色，卵形。

【生態環境】本地區平野或海拔1600公尺以下山坡地有野生，以種子繁殖為主。

【使用部位】根及莖。

【性味功能】性平，味辛。能健胃、祛風通絡、活血散瘀、解毒、殺蟲、消腫止痛，治風寒感冒、跌打腫痛、風濕關節痛、毒蛇咬傷等。

【經驗處方】(1) 毒蛇咬傷：葉1兩磨粉，調冷開水，分3次服。

(2) 風濕關節痛：根及莖2兩加雙面刺、王不留行各2兩，水煎加酒燻蒸治療。

(3) 肺炎、肺水腫：頭加構樹根、忍冬頭、鵝掌柴頭各2兩，水煎服。

(4) 痔瘡：根適量，水煎服。

(5) 嫩葉可當食品香科吃。

【注意事項】果有微毒，小心使用。

【成分分析】皮含茵芋鹼、木蘭光鹼；葉含精油、酚類物質。

雙面刺

Zanthoxylum nitidum (Roxb.) DC.

【科　別】芸香科

【別　名】鳥不宿、鳥踏刺、崖椒。

【植株形態】多年生藤狀灌木，全株均有鉤刺。葉互生，為奇數羽狀複葉，小葉有5～11片，卵狀橢圓形，有油點，葉緣有淺齒。花腋生，白色。果實球形，如胡椒大，有麻辣味。

【生態環境】本地區山坡地野生，以種子繁殖。

【使用部位】根(或枝葉)。

【性味功能】性微溫，味辛、苦。能祛風通絡、除濕止痛、消腫解毒，治跌打腫痛、腰肌勞損、胃痛、牙痛、咽喉腫痛、毒蛇咬傷、風濕痺痛、支氣管炎、咳嗽發燒、痧病等。

【經驗處方】(1) 花柳病：本品加虱母子頭、龍葵頭、冇骨消根、大青、忍冬藤各5錢，燉赤肉服。

(2) 梅毒、無名腫毒：本品5錢加魚腥草、土茯苓、木芙蓉各1兩，水煎服。

(3) 蛇傷：本品3～4錢煮酒，外搽傷口，內服一小湯匙。

(4) 牙痛：以鮮品2層皮含在痛牙處。

(5) 風濕：本品加白馬屎、豨薟草頭、王不留行、榾梧各1兩，半酒水燉排骨。

假苦瓜

Cardiospermum halicacabum L.

〖 科　　別 〗無患子科

〖 別　　名 〗倒地鈴、風船葛、天燈籠、倒藤卜仔草。

〖 植株形態 〗一年生草質藤本，根細。葉互生，為二回三出複葉，小葉膜質，卵狀披針形，葉緣有粗齒或分裂。聚繖花序，花腋生，柄細長，近花的地方有2枚對生之卷鬚，花小、白色。蒴果倒卵狀三角形，有1～2粒種子，成熟時成黑色，有一白球點。

〖 生態環境 〗本地區多見野生，以種子繁殖。

〖 使用部位 〗全草。

〖 性味功能 〗性寒，味苦、微辛。能散瘀消腫、涼血解毒、清熱利水，治黃疸、淋病、疔瘡、膿疱瘡、疥瘡、蛇咬傷、糖尿病、蕁麻疹、發燒(忽冷忽熱)等。

〖 經驗處方 〗(1) 糖尿病：鮮品2兩、參鬚3錢、水3碗，煎45分鐘後當茶飲。

(2) 腫毒：鮮葉加鹽搗爛外敷。

(3) 疔毒：鮮葉加冷飯粒，加鹽搗爛外敷。

(4) 蕁麻疹或皮膚過敏：本品2兩加烏蘞莓2兩，加黑糖，水煎服。

崗梅

Ilex asprella (Hook. & Arn.) Champ.

〔 科　 別 〕冬青科

〔 別　 名 〕萬點金、釘秤花、山甘草。

〔植株形態〕多年生落葉性灌木，枝幹上留有白色皮孔，故名萬點金。葉互生，細鋸齒狀，闊卵形，具長柄。花白色，腋生，雌雄異株，花開於3～5月。球形核果，熟黑色。

〔生態環境〕本地區平野或低海拔山區自生。以種子進行繁殖。

〔使用部位〕根、葉。

〔性味功能〕性涼，味微苦、甘。(1)根能清熱解毒、活血開胸、生津固肺，治感冒、喉痛、跌打損傷等。本品可為涼茶原料之一。(2)葉可治跌打損傷、腫毒、疔瘡。

〔經驗處方〕(1) 治感冒、扁桃腺炎：崗梅根2兩，水煎服。

(2) 治跌打損傷：鮮崗梅根1～2兩，切片炒酒，土雞1隻，半酒水燉服。

烏歛苺

Cayratia japonica (Thunb.) Gagnep.

〔科　別〕葡萄科

〔別　名〕五爪龍、五爪藤、五葉苺、虎葛。

〔植株形態〕多年生藤本，根細小，莖嫩，帶紫紅色，具捲鬚。葉對生，掌狀複葉，小葉3～5片，長約3～8公分，寬約3～4公分。花聚繖花序，約60朵，小花白綠色，萼片4裂，花期4～8月。果實為漿果，成熟時黑色，徑約0.5公分，種子三角形。

〔生態環境〕本地區平野至中海拔均可見，以種子繁殖為主，根亦可扦插繁殖。

〔使用部位〕全草或根。

〔性味功能〕性寒，味甘、酸、微苦。能清熱利濕、解毒消腫、涼血，治尿血、痰血、風濕、腫毒、毒蛇咬、蟲傷、扭傷等。

〔經驗處方〕(1) 腫毒：取全草鮮品2兩，加生薑1塊，搗爛絞汁內服，剩渣外敷患處。

(2) 無名腫毒：鮮品2兩，搗爛加醋炒過，外敷患處。

(3) 風濕：乾品根浸酒1個月後，服1小杯。

(4) 蟲蛇傷：鮮葉1兩，水煎洗患處或搗爛外敷傷處。

(5) 過敏性中毒或尿毒：鮮品2兩加黑糖，水煎服。

小本山葡萄

Vitis thunbergii Sieb. & Zucc.

【科　　別】葡萄科

【別　　名】山葡萄、細本山葡萄。

【植株形態】多年生木質藤本，根長而細，幼莖有稜，幼嫩部分有紅褐色綿毛，捲鬚單一，先端不分歧。葉互生，具長柄，紙質，撕開有細絲，卵形，3～5裂，疏粗鋸齒緣，裂片闊卵形，上面深綠色，背面紅褐色或灰白綿毛。圓錐花序呈聚繖狀，與葉成對生，果先綠後紫紅，有種子。

【生態環境】本地區野生或庭園栽培，可扦插或分芽繁殖。

【使用部位】全草。

【性味功能】性平，味甘。能清熱解毒、利尿、祛風除濕，治風濕疼痛、腰膝酸軟、黃疸、淋病、糖尿病、高血脂等。

【經驗處方】(1) 黃疸、肝炎：根2兩、黃酒1匙、赤肉1兩、水4兩，煎服。

(2) 肺癰：鮮根2兩、鮮海金沙1兩，水煎服。

(3) 白內障：本品加白花虱母子根、水4碗，煎1碗半，再燉雞服。

(4) 敗腎：本品燉豬小腸或赤肉服。

(5) 風濕：鮮根2～4兩，水煎後調酒服。

檉柳

Tamarix juniperina Bunge

【科　　別】檉柳科

【別　　名】華北檉柳、人柳、垂綠柳、三眠柳、西湖柳、(西)河柳。

【植株形態】多年生灌木或喬木，莖高4～5公尺，枝細長，紅紫色至淡棕色，嫩枝纖細下垂。葉互生，葉片很小，矩圓狀披針形，長0.15～0.18公分，基部圓形，先端銳尖，背面隆起。花粉紅色，密集枝頂，花序常下彎。蒴果細小。

【生態環境】本地區庭園栽培，以扦插繁殖。

【使用部位】嫩枝葉。

【性味功能】性平，味甘、鹹。能疏風、利尿、解毒，治風濕、風疹、肝炎等。

【經驗處方】(1) 蕁麻疹：本品適量，水煎後泡浴。

(2) 肝炎：鮮品4兩加荸薺6兩，絞汁服。

(3) 麻疹：枝葉1兩，水煎服。

(4) 吐血：葉2兩、茜草根5錢，水煎服。

(5) 鼻咽癌：本品加地骨皮各1兩，水煎服，每日1劑，連服1個月。

山芙蓉

Hibiscus taiwanensis Hu

【 科　　別 】錦葵科

【 別　　名 】木芙蓉、狗頭芙蓉、木蓮、地芙蓉。

【植株形態】多年生落葉灌木或小喬木，根很長，莖具星狀毛及短柔毛。葉互生，具長柄，葉片5～7裂，裂片三角形，葉緣有鈍齒，葉兩面均被星狀毛。花秋天生於枝頂或葉腋，初開時白色，後變淡紅色或深紅色。蒴果扁球形。

【生態環境】本地區荒野山坡地到處可見野生，以種子繁殖，也可扦插。

【使用部位】根及莖。

【性味功能】性平，味微辛。能清肺止咳、涼血消腫、解毒，治肺癰、惡瘡、糖尿病等。

【經驗處方】(1) 蛀骨：根頭3～4兩，燉烏骨雞(特效)。

(2) 腫毒：心葉適量，搗爛外敷。

(3) 關節炎：本品加牛乳房各2兩、過山香1兩、穿山龍3兩，燉豬腳服。

(4) 肋膜炎：根加山甘草、雙面刺、豨薟草各5錢，水煎服。

(5) 肺癰、膿胸、殺蟲：本品頭切片5錢，水煎服。

(6) 肺膿瘍、久咳、咳血：鮮花1～2兩，水煎加冰糖服。

(7) 月經過多、白帶：花10朵，水煎服。

(8) 鼻竇炎：本品頭3兩，水煎服。

南嶺蕘花

Wikstroemia indica C. A. Mey.

【科　　別】瑞香科

【別　　名】了哥王、埔銀、賊仔褲帶、金腰帶、山埔崙

【植株形態】多年生直立小灌木，多分枝，莖枝褐紅色。葉對生，矩形或倒卵形。花黃色，數朵組成頂生短總狀花序。果長卵形如綠豆大，成熟時暗紅色，皮似苧麻及纖維耐拉不斷。

【生態環境】本地區野生荒地，鳥類喜歡吃其果實，大便後自然生長，亦可扦插繁殖。

【使用部位】根、根皮或葉。

【性味功能】性寒，味苦，有小毒。能清熱利尿、解毒、殺蟲、破積，治跌打損傷、肺炎、腫毒、扁桃腺炎等。

【經驗處方】(1) 跌打損傷：根白皮2錢，水煎服。

(2) 肺炎：根白皮2錢，水煎服。

(3) 腫毒：根九蒸九曬後，水煎沖酒服。

(4) 扁挑腺炎、百日咳、哮喘：根3～8錢，久煎後內服。

(5) 乳癰：葉適量，搗爛外敷。

南瓜

Cucurbita moschata (Duch.) Poiret

〔科　　別〕葫蘆科

〔別　　名〕金瓜、香瓜、麥瓜、番南瓜。

〔植株形態〕一年生蔓性藤本，主根長，枝根短，蔓莖長可達10公尺，全株被刺毛，莖五稜形，中空，節部稍膨大。葉互生，柄長5～10公分，腋側生一捲鬚，葉片心形、圓形或闊卵形，長15～30公分、寬10～25公分，3～5淺裂或五角形，基部凹心形，先端尖，鋸齒緣，上面綠色，背面淡綠色，被硬茸毛。花單性，腋生，雌雄同株，花黃色，花冠鐘狀漏斗形，5裂。雄蕊3枚，雌花子方下位，花柱粗短，柱頭3枚、膨大、2歧。瓠果大型，扁圓形，種子多數扁平。

〔生態環境〕本地區大部份庭園栽培，以種子繁殖。

〔使用部位〕果實、種子、瓜蒂、葉、花。

〔性味功能〕(1)果實：性溫，味甘。能補中益氣、消炎止痛、解毒殺蟲、通經絡、利小便等。(2)瓜蒂：性平，味苦、甘。能消炎、利水、安胎，治癰疽腫毒、疔瘡、燙傷、瘡潰不斂、水腫、腹水、胎動不安等。(3)根能利濕熱、消腫毒、通乳汁。(4)藤能清肺、和胃、通經絡、利血脈、滋腎水。(5)葉治痢疾、疳積、創傷、燙傷。(6)花能清濕熱、消腫毒、祛痰、通乳。

〔經驗處方〕(1) 驅蛔蟲：子仁1～2兩，研粉加開水蜜調，空腹服。

(2) 胃痛：藤汁沖紅酒服。

(3) 風火痢：葉7～8片，水煎服。

(4) 骨鯁喉：蒂燒灰，加冰糖調成糊服。

(5)疔痔：蒂數個焙研末，調麻油外敷。

(南瓜鬚 飲片)

(南瓜子 飲片)

七葉膽

Gynostemma pentaphyllum (Thunb.) Makino

【科　　別】葫蘆科

【別　　名】絞股藍、五葉參。

【植株形態】多年生攀緣性草本，根細小，莖細長，有稜，捲鬚先端
2裂或不分裂。鳥趾狀複葉，互生，葉緣具淺齒狀。花
單性，雌雄異株，雄花序腋生，呈圓錐花序，花冠黃綠
色，雌花序較短，花柱3，子房球形。漿果球形，成熟
時黑色。

【生態環境】本地區深山野生或庭園栽培，以分芽繁殖。

【使用部位】全草。

【性味功能】性涼，味甘、微苦。能清熱解毒、止咳祛痰、補虛，治
體虛乏力、虛勞失精、白血球減少症、高血脂症、肝
炎、慢性胃腸炎、慢性氣管炎、咳嗽、小便淋痛、吐
瀉、癌腫等。

【經驗處方】(1) 高血壓：全草適量，水煎泡代茶喝。

(2) 紫斑病：全草1兩，水煎服。

(3) 帶狀疱疹：鮮品搗汁，塗患處。

(4) 黑斑：鮮品搗爛，加麵粉調外敷臉部。

(5) 紅眼、尿頻：本品1兩，水煎服。

(圖中尺規最小刻度為0.1公分)

野苦瓜

Momordica charantia L. var. *abbreviata* Ser.

【科　　別】葫蘆科

【別　　名】山苦瓜、小苦瓜、野生苦瓜。

【植株形態】一至二年生草質藤本，根有時結根瘤，莖纖細柔軟被絨
毛，捲鬚不分歧。葉互生，葉片腎圓形，5～7深裂，葉
緣有鋸齒。花單生於葉腋，雌雄同株，花冠黃色。雄蕊
3枚，子房下位，花柱細長，柱頭3枚。果實橢圓形或卵
形，表面有大小不整齊的突棘，成熟時呈橘黃色，種子
包於肉質之假皮內。

【生態環境】本地區荒野山坡地野生或庭園栽培，以種子繁殖。

【使用部位】全草(或果實)。

【性味功能】性寒，味苦、甘。能清暑滌熱、明目、解毒，治熱病煩
渴、中暑、痢疾、赤眼疼痛、癰腫丹毒等。

【經驗處方】(1) 糖尿病：全草或果實5錢至1兩，水煎服(效果好)。

(2) 攝護腺腫大：全草5兩，水煎服。

(3) 便秘：果實1兩，水煎服。

(4) 便血：鮮根4兩，水煎服。

(5) 高血壓：果實曬乾，每次5錢，水煎服。

(6) 肝炎：果實5錢，水煎服。

【注意事項】胃寒者少吃，會下痢。

【成分分析】果實含苦瓜鹼。

木鱉子

Momordica cochinchinensis (Lour.) Spreng.

【科　　別】葫蘆科

【別　　名】臭屎瓜、狗屎瓜。

【植株形態】多年生大型草質藤本，根塊狀，莖有縱稜，捲鬚與葉對生，單一莖不分枝。葉互生，具長柄，葉片3～5裂，基部或葉頂端有2～4個腺體。花單生，雌雄異株，單生葉腋，花冠黃白色或白色，雄花花冠裂片不整齊，雄蕊3個，花絲極短，雌花花冠裂片整齊，子房下位，柱頭3裂。果實卵形，表面有肉質刺狀突起，熟時紅色。

【生態環境】本地區山野可見，以種子繁殖。

【使用部位】種子及根。

【性味功能】(1)種子性溫，味苦、微甘，有毒。能解毒、散結。(2)根性寒，味微甘。能消炎解毒、消腫止痛。

【經驗處方】(1) 治疔瘡、無名腫毒、淋巴炎、粉刺、雀班：鮮根或葉加鹽搗爛外敷患處或用種子磨粉，加醋調塗患處。

　　　　　　(2) 牛皮癬、頭癬、皮膚癬：種仁磨粉，加醋調塗患處。

　　　　　　(3) 發燒：根加苦瓜根、金絲草、金銀花各20克，水煎服。

　　　　　　(4) 毒蛇咬傷：鮮葉加大甲草心葉搗汁調酒內服，渣外敷傷口。

【注意事項】種子有毒，小心使用。

水丁香

Ludwigia octovalvis (Jacq.) Raven

【科　別】柳葉菜科

【別　名】水香蕉、水燈香、金銅榭。

【植株形態】一年或越年生植物，莖直立，基部本質化，多分枝，幼枝葉被細毛。葉卵形，互生，長約3～12公分，寬約0.6～1.5公分，全緣。花腋生，花瓣黃，四季開花，夏秋為盛花期。

【生態環境】本地區低海拔及平野之濕地、水邊散生或群生。以種子來繁殖。

【使用部位】全草。

【性味功能】性寒，味苦、辛。能解熱涼血、利尿解壓、去火消炎，治高血壓、肝炎、腸胃出血、腎炎、水腫、皮膚病等。

【經驗處方】(1) 慢性腎炎：水丁香、丁豎朽、車前草各1兩，紅竹葉半兩，煎水服用。

(2) 尿酸性痛風：水丁香1兩、蒼耳根1兩、桶鉤藤2兩、酸藤2兩、菊花藤5錢、紅骨蛇2兩，煎水服。

臺灣水龍

Ludwigia* × *taiwanensis Peng

【科　　別】柳葉菜科

【別　　名】過塘蛇、水龍、水江龍、過溝龍、過江龍、水口龍。

【植株形態】多年生水生草本，高25～50公分，莖匍匐狀斜上生長。
　　　　　　單葉互生，具柄，葉片倒披針形或狹長橢圓形，長2～
　　　　　　5公分，寬1～2公分，基部楔形，先端鈍形、圓形至銳
　　　　　　形，全緣。花腋生，花梗長。花萼4～5裂，裂片披針
　　　　　　形，先端銳尖。花瓣闊倒卵形，先端微凹，黃色。蒴果
　　　　　　圓柱狀棍棒形，種子斜四稜形。

【生態環境】本地區水溝旁，濕地庭園有人栽培，繁殖法：扦插、播
　　　　　　種、分芽。

【使用部位】全草。

【性味功能】性涼，味淡。能清熱解毒、祛濕消腫，治帶狀疱疹、腮
　　　　　　腺炎、感冒發燒、麻疹、癰腫等。

【經驗處方】(1) 帶狀疱疹：鮮品1兩，搗爛調生米漿外敷特效。

　　　　　　(2) 腮腺炎：鮮品2兩，搗碎外敷。

　　　　　　(3) 感冒發燒、咳嗽：鮮品或乾品1兩，水煎服。

　　　　　　(4) 麻疹不退：鮮品1～2兩，搗汁燉服。

　　　　　　(5) 癰腫：鮮品1～2兩加冷飯，搗爛外敷。

【編　　語】彭鏡毅博士於西元1990年發表論文指出，經由野外採
　　　　　　集、標本館研究、細胞學觀察及雜交實驗發現，臺灣這
　　　　　　種開黃花的水龍，並非真正的「水龍」[*L. peploides*
　　　　　　(HBK.) Raven subsp. *stipulacea* (Ohwi) Raven]，而是
　　　　　　由「水龍」(二倍體)和白花水龍(四倍體)天然雜交產生的
　　　　　　後代，彭博士特將此天然雜交種(即過去臺灣文獻所載的
　　　　　　「水龍」)命名為臺灣水龍(三倍體)。

三葉五加

Eleutherococcus trifoliatus (L.) S. Y. Hu

【科　　別】五加科

【別　　名】三加皮、烏子仔草

【植株形態】多年生蔓性灌木。葉互生，掌狀複葉，小葉3片，鋸齒緣。莖具倒刺。花頂生，繖形花序，花小，淡黃色。果實球形，成熟時黑色。

【生態環境】原生台灣中、低海拔山區。

【使用部位】根或根皮(藥材稱三加皮)。

【性味功能】性涼，味苦、辛。能清熱解毒、祛風除濕、舒筋活血，治風濕、跌打等。

【經驗處方】(1) 治勞傷風濕：根5～8錢，水煎服。

(2) 治腰痛：根3兩、烏賊乾2隻，酒水各半燉服。

(3) 治蛇頭疔、腿膿傷：嫩葉加冷飯少許，搗敷患部。

(4) 治胃痛：心葉5錢，水煎服。

明日葉

Angelica keiskei Koidz.

【科　別】繖形科

【別　名】鹹草、神仙草、長壽草、大本芹菜、八丈芹、養命野菜。

【植株形態】多年生草本，主根粗而長，莖直立，高100～150公分。葉1至2回羽狀複葉，小葉卵形，鋸齒緣。複繖形花序頂生，花淡黃色，花瓣5片。雄蕊5枚，子房下位。果實橢圓形。

【生態環境】本地區山坡地及平野有庭園栽培，以種子繁殖。

【使用部位】莖、葉。

【性味功能】性涼，味辛。能清熱、利尿、強壯、催乳，治血壓異常(包括高血壓或低血壓)、心悸、狹心症、動脈硬化、肝硬化、糖尿病、感冒、氣喘、胃腸病、風濕病、坐骨神經痛、失眠、乳汁不足、肺癌、胃癌等。

【經驗處方】(1) 高血壓：莖葉4兩，打汁服；或2兩，水煎服。

(2) 肝炎：鮮莖葉適量，打汁加蜂蜜服。

(3) 肝硬化：鮮莖葉1兩加石上柏2兩，水8碗煎3碗，分3次服，半個月一療程。

(4) 腎炎水腫：本品1兩加天芥葉2兩，水10碗煎4碗當茶喝。

(5) 尿酸痛風：本品1兩加三腳鱉2兩，水煎服。

(6) 失眠：本品1兩加石柑2錢，水煎服。

(7) 腸癌：本品1兩加半枝蓮1兩、白花蛇舌草2兩，水10碗煎4碗，當茶喝。

(8) 治糖尿病：明日葉、七葉膽各6錢，芭樂葉2錢，水煎服。

【注意事項】本品最好種在氣溫
　　　　　較低的山上。
【成分分析】本品含胡蘿蔔素、
　　　　　礦物質及多種維生
　　　　　素。

雷公根

Centella asiatica (L.) Urban

【科　　別】繖形科

【別　　名】老公根、含殼草、積雪草、胡薄荷、連錢草。

【植株形態】多年生草本植物，匍匐莖，略帶紫紅色，莖延伸到一節處易著地長根。葉紙質，圓腎形，單葉基部凹陷。春夏間開花，花紫紅色，有2～6朵，排列成單一繖形花序，花瓣五片。果熟呈紫紅色，扁形。

【生態環境】性喜遮陰，且有點潮濕的腐植壤土中生長，陽光太強則其生長較緩且葉形較厚較小，溫暖的天氣最適合，太冷則生長會停滯，下霜則葉片會凍傷，海拔800公尺仍可見其蹤跡。

【使用部位】全草。

【性味功能】性寒，味苦、辛。能消炎、涼血、明目、祛風寒、整腸健胃、清熱解毒、消腫利濕，治傳染性肝炎、麻疹、感冒、扁桃腺炎、支氣管炎、尿路感染、尿路結石等。

【經驗處方】(1) 治女子小腹痛：採開花的雷公根曝曬，搗散每次2小匙。

(2) 肝炎：雷公根鮮品4～5兩和野薊等量，水煎服。

(3) 毒蛇咬傷：雷公根加蛇莓、咸豐草，水煎服。

(4) 雷公根鮮品煮成湯汁，配以枸杞、雞肉煮食，既可口又能補身。

天胡荽

Hydrocotyle sibthorpioides Lam.

【科　　別】繖形科

【別　　名】遍地錦、變地錦、破銅錢。

【植株形態】多年生匍匐草本，根細，莖細，有節，節上生根。葉互生，圓形或腎形5～7淺裂，上面深綠色，背面綠色或有柔毛。繖形花序與葉對生，花瓣綠白色。

【生態環境】本地區濕地到處可見，以扦插繁殖。

【使用部位】全草。

【性味功能】性寒，味辛、苦。能清熱解毒、利尿消腫，治小兒胎熱、咽喉腫痛、目翳、黃疸、赤白痢、疔瘡、跌打瘀腫等。

【經驗處方】(1) 急性黃疸型肝炎：鮮品1～2兩，加白糖1兩，半酒水煎服。

　　　　　　(2) 小兒夏季熱：鮮品1～2兩，搗汁服。

　　　　　　(3) 腎結石：本品1～2兩，水煎服。

　　　　　　(4) 帶狀疱疹：鮮品搗汁1杯加雄黃粉1錢，外敷。

　　　　　　(5) 治牙結石：加黃花酢漿草汁，含口中即可。

【成分分析】本品含黃酮苷、酚類、氨基酸、揮發油、香豆精等。

山素英

Jasminum nervosum Lour.

【科　　別】木犀科

【別　　名】山四英、白茉莉、白蘇英。

【植株形態】攀緣性灌木。葉對生，卵形或卵狀披針形，全緣或波狀緣，兩面光滑，亮綠色。花單生或聚繖花序，花冠白色，10裂左右，有香氣。漿果橢圓形，成熟色黑。

【生態環境】分布本區低海拔地區，尤其大武、達仁之產業道路旁常見。

【使用部位】全株。

【性味功能】性平，味甘、辛。能行血理帶、補腎明目、通經活絡，治眼疾、咽喉腫痛、急性胃腸炎、風濕關節炎、腳氣、濕疹、梅毒、腰酸、發育不良等。

【經驗處方】(1) 花可治眼疾。

(2) 莖可治梅毒、發育不良。

(3) 眼痛、眼起白翳：山素英 4 兩，燉雞肝服，體冷者加少許酒服。

(4) 腰骨痠痛：山素英3兩、大金英頭4兩，半酒水燉赤肉服。

(5) 梅毒：山素英3兩，半酒水煮鴨蛋服。

白蒲姜

Buddleja asiatica Lour.

【科　　別】馬錢科

【別　　名】山埔姜、駁骨丹、揚波、海洋波。

【植株形態】多年生落葉灌木，根具主根，小枝常呈四方形，嫩枝、葉背、花序及萼均具粉白色星狀毛。葉對生，具短柄，紙質，葉片披針形，先端長漸銳尖，基部銳形，全緣或細鋸齒緣。穗狀花序瘦長，作圓錐花序排列，腋生或頂生。小苞線形，較萼略長，萼鐘形，花冠筒形，白色。蒴果卵形。

【生態環境】本地區荒野及山坡地野生，以種子繁殖為主。

【使用部位】根及莖，或枝葉。

【性味功能】性溫，味苦、微辛，有小毒。(1)枝葉治皮膚癢、蕁麻疹、風疹、濕疹等。(2)根及莖能祛風濕、清血、滋腎，治風濕症、小兒麻痺、腫毒、下消等。

【經驗處方】(1) 皮膚癢：鮮葉適量，水煎後洗。

(2) 風濕：根及莖加山芙蓉，浸酒1個月後，晚上服1小杯。

(3) 下消：根2兩，半酒水燉豬小腸服。

(4) 風疹：葉1兩，煮酒後洗患處，忌吹風。

(5) 內痔：根及莖加金銀花各8兩，月桃2兩，甘草、雙面刺各1兩，水煎後洗。

(6) 胃出血：葉煎湯服。

【注意事項】全株有微毒，小心使用。

山馬茶

Tabernaemontana divaricata (L.) R. Br. *ex* Roem. & Schult.

【 科　別 】夾竹桃科

【 別　名 】馬茶花、馬蹄花。

【植株形態】多年生常綠灌木，植株光滑，內含乳汁。葉全緣，對生，長橢圓形，長約6～15公分，寬約3～6公分。全年均有花期，花數朵，白色，單生，但雙歧著生，花瓣片呈不整齊分裂，大小不一。

【生態環境】本種為外來種植物，本區偶見零星人為栽培。以種子或扦插進行繁殖。

【使用部位】全株。

【性味功能】性涼，味酸。能清熱解毒、消腫止痛、利水降壓、抗癌，治頭痛、高血壓、咽喉腫痛、甲狀腺腫、疔瘡、骨折等。

【經驗處方】(1) 治疔瘡：鮮葉適量，搗爛敷患處。

　　　　　　(2) 治甲狀腺腫：山馬茶根0.5～1兩，水煎服。

白花蛇舌草

Hedyotis diffusa Willd.

【 科　　別 】茜草科

【 別　　名 】珠仔草、龍吐珠。

【植株形態】一年生草本，鬚根，莖從基部分枝。葉對生，無柄，條狀長披針形。托葉2枚，基部合生。花單生，常具短而略粗的花梗，花小而白色。蒴果扁球形，具宿存萼。

【生態環境】本地區平野荒地可見野生或庭園栽培，以種子繁殖。

【使用部位】全草。

【性味功能】性寒，味苦、甘。能清熱解毒、利濕消癰、抗癌，治惡性腫瘤、腸癰、咽喉腫痛、濕熱黃疸、小便不利、瘡癤腫毒、毒蛇咬傷等。

【經驗處方】(1) 癌症：本品2兩加半枝蓮1兩，水煎服。

(2) 子宮頸癌：本品4兩加半枝蓮2兩、白蓮蕉頭2兩、鐵樹葉1兩，水煎3小時後服。

(3) 尿毒症：鮮品4兩，以苦茶油炒蛋黃2個後服。

(4) 急性盲腸炎：本品2兩，水煎服。

(5) 癰腫熱痛：鮮品適量，搗爛外敷。

(6) 黃疸、痢疾、尿道炎：鮮品1～2兩，搗汁加蜜服或水煎服。

檄樹

Morinda citrifolia L.

〔 科　　別 〕紫草科

〔 別　　名 〕紅珠樹、水冬瓜、海巴戟天。

〔植株形態〕常綠小喬木。葉對生，全緣，柄基部有大型托葉與葉十字對生。球形頭狀花序，花冠漏斗狀，白色，花瓣5～6片。果實成熟時白綠色。

〔生態環境〕原生蘭嶼、綠島、恒春半島。

〔使用部位〕全株。

〔性味功能〕性涼，味甘。能解熱、強壯，治感冒咳嗽、喉嚨痛、哮喘等。

〔經驗處方〕(1) 根及莖能解熱，亦為強壯藥。

　　　　　　(2) 鮮葉外敷潰瘍、刀傷。

　　　　　　(3) 果實打汁飲，能增強身體免疫力。

〔 編　　語 〕本植物的根可提煉染料，供紡織用。

九節木

Psychotria rubra (Lour.) Poir.

【科　　別】茜草科

【別　　名】山大刀、暗山公、暗山香、刀傷木、牛屎烏。

【植株形態】多年生常綠灌木，小枝近方形，光滑，漸變圓筒形。葉對生，柄長1～3公分，葉片紙質，橢圓狀矩圓形或廣披針形，長10～18公分，寬3～7公分，基部漸狹，先端漸尖，全緣，背面脈生簇毛，其餘光滑，托葉闊形，膜質，早落性。聚繖狀圓錐花序，頂生或腋生，叉狀分枝，花淺綠色或白色，花冠闊鐘形。核果近球形，熟紅，光滑。

【生態環境】本地區中、低海拔山坡地野生，以種子繁殖。

【使用部位】根及嫩枝葉。

【性味功能】性涼，味苦。能清熱解毒、祛風除濕、消腫拔毒，治感冒發熱、白喉、咽喉腫痛、痢疾、胃痛、風濕骨痛等。

【經驗處方】(1) 刀傷出血：本品葉及土牛膝葉各1兩，搗爛外敷患處。

(2) 瘧疾：本品頭2兩，水煎後加酒4兩，在發作前1小時服。

(3) 小兒轉骨：本品根4兩，燉排骨服。

(4) 霍亂：本品根1兩，水2碗，煎半碗服。

(5) 睪丸炎：根2兩，半酒水燉青殼鴨蛋服。

菟絲

Cuscuta australis R. Br.

【 科　別 】旋花科

【 別　名 】豆寄生、金絲草、無根草、菟絲子、豆虎。

【植株形態】一年生寄生草本植物，莖金黃色，無綠色葉，靠吸收被寄生植物水分及養分維生。花白色簇生，有短柄。果實為蒴果，扁球形。

【生態環境】生於台灣全境山區及海濱原野的灌木矮草上，因無綠色葉，故不會行光合作用，但仍喜歡陽光充足的場所。以種子繁殖。

【使用部位】全草或種子皆可入藥。

【性味功能】性平，味甘、辛。能補腎益精、養肝明目、固胎止瀉，治腰膝酸痛、遺精、陽萎、早泄、不育、消渴、淋濁、遺尿、目昏耳鳴、胎動不安、流產、泄瀉等。

【經驗處方】(1) 治眼刺痛：菟絲草鮮品，搗汁點於患部。

(2) 小便淋瀝：菟絲子煮水當茶飲。

(3) 堅筋骨，治腰膝疼痛：菟絲子1兩、牛膝2兩，共泡半酒，再曬乾炒酥研末，與原泡之酒共調為丸，每次服4錢。

(4) 解毒，治面瘡、粉刺：菟絲草搗汁塗之。

(5) 小兒長頭瘡：菟絲草煮水，洗患部有效。

(6) 陽萎遺精：全草3～4錢，水煎服。

(7) 補腎壯陽：本品加附子，製成藥丸服用。

馬蹄金

Dichondra micrantha Urban

【科　　別】旋花科

【別　　名】荷色草、小金錢草、小銅錢草。

【植株形態】地被植物，莖匍匐地上生長，節上長葉，節下長不定根。葉圓腎形，柄長，葉之大小隨光度之增加而遞減。花小，白色，腋生。果實含種子2粒。

【生態環境】原生台灣低海拔地區之機關學校、旱田、路旁、水溝旁，全日照或遮陰處均可發現。

【使用部位】全草。

【性味功能】性平，味苦、辛。能清熱利濕、解毒消腫、止血生肌，治熱病疝氣、黃疸腹脹、高血壓、糖尿病、結石淋痛、跌打損傷、外傷出血、毒蛇咬傷等。

【經驗處方】(1) 治小兒胎毒：馬蹄金、菁芳草各適量，絞汁服。

(2) 治中暑：鮮品1～2兩，搗汁服。

(3) 腎炎水腫：本品加車前草、冬瓜皮、玉米鬚各1錢，水煎服。

(4) 糖尿病、高血壓：鮮品加白茅根、玉米鬚各1兩，水煎服。

(5) 尿血：1～2兩加冰糖5錢，水煎服。

杜虹花

Callicarpa formosana Rolfe

【科　　別】馬鞭草科

【別　　名】臺灣紫珠、毛將軍、白粗糠。

【植株形態】多年生常綠灌木，全株均被茶色柔毛。葉片長卵形，對生，長約7～15公分，寬約3～6公分，葉緣細鋸齒狀，質厚而粗糙。春季開花，腋生，聚繖花序，花冠粉紅色，筒狀，長約2公分。球形核果，熟時呈紫色。

【生態環境】本地區全區平野至山區皆可見，以種子或扦插進行繁殖。

【使用部位】根及莖。

【性味功能】性平，味苦、微澀。能補腎滋水、清血去瘀，治老人手腳痠痛、風濕病、下消、喉痛、白帶、眼疾等。

【經驗處方】(1) 治風濕關節痛：杜虹花根及莖3兩，煎液加酒燉排骨服。

(2) 治老人手腳無力：杜虹花根1～2兩，半酒水燉瘦肉服。

(3) 治下消、婦人赤白帶：白粗糠(根)、荔枝根、龍眼根、白石榴根、白龍船花根、白肉豆根各7錢，燉小肚服。

(4) 治神經痛：白粗糠、黃金桂各1兩，植梧頭、過山香、王不留行、山大人各5錢，半酒水燉豬尾服。

白龍船花

Clerodendrum paniculatum L. var. *albiflorum* (Hemsl.) Hsieh

【科　　別】馬鞭草科

【別　　名】龍船花、癲婆花、瘋婆花。

【植株形態】全株具臭味，株高約1.5公尺，地下根莖沿淺土層生長，易長芽。葉片略呈5角之心臟形，柄長約13公分，葉身長24公分，寬21公分。托葉毛狀。整個花序皆呈白色，花冠先端5裂，花蕊細長，雄蕊4枚，雌蕊1枚。果實為核果，熟時亮黑色。

【生態環境】本種一般被公認較同屬植物龍船花*Clerodendrum kaempferi* (Jacq.) Siebold *ex* Steud.之藥效佳，故慘遭大量採集之命運，目前野外已極稀少。

【使用部位】根及粗莖。

【性味功能】性溫(或平)，味微甘。能調經理帶、清熱解毒，治皮膚過敏、月經失調、淋病等。

【經驗處方】(1) 治肝病：龍船根、金晶草、白瓠根，燉雞肝服。

　　　　　　(2) 下消：根適量加荔枝根適量，水煎服。

　　　　　　(3) 月經不調：本品加肉豆根、白益母草各1兩，燉豬肚服。

　　　　　　(4) 食道癌：根2兩加豬尾骨，燉服。

馬鞭草

Verbena officinalis L.

【 科　　別 】馬鞭草科

【 別　　名 】鐵馬鞭。

【植株形態】莖方形，約筷子粗大。葉深裂似掌狀，對生，兩面有短毛，摸有粗糙感。花為穗狀花序，頂生或有由葉腋側生，形似馬鞭，故名。花瓣呈淡紫色，由基部往上開，花小(直徑約0.5公分左右)。果為小蒴果

【生態環境】生於台灣全境中、低海拔，適應性強，不論田園、山丘均易發現，與其他植草共處，具耐旱性，性喜陽光、溫暖，於樹下林邊不要太遮陰，亦能生長，但較會徒長，若生長於具腐質壤土中則發育更好。

【使用部位】全草。

【性味功能】性微寒，味苦。能清熱解毒、活血散瘀、消炎退熱，治感冒發熱、牙齦腫痛、濕熱黃疸、癰瘡腫毒、咽喉腫痛、腹水、煩渴、痢疾、血瘀經閉、痛經、癥瘕、水腫、小便不利等。

【經驗處方】(1) 過勞中暑、發熱症：鐵馬鞭鮮品4～5兩，打汁加蜂蜜飲，速效。

(2) 治肝炎：鐵馬鞭2兩，水煎服。

(3) 治牙周發炎、蛀牙痛：馬鞭草2兩，水煎服。

(4) 治喉痛：馬鞭草加食鹽共打汁，口含有效。

(5) 治中耳炎：鮮品打汁滴入耳內，每日2～3次。

黃荊

Vitex negundo L.

【科　　別】馬鞭草科

【別　　名】埔姜、七葉埔姜、不驚茶。

【植株形態】多年生落葉灌木或小喬木，根多而長，莖可達6公尺，枝葉有香氣。葉對生，掌狀複葉，具長柄，小葉5片，呈橢圓狀卵形，全緣或淺波狀，上面綠色，背面白色或淡綠色，密被白色絨毛。圓錐花序頂生。萼鐘形，先端齒裂，花冠淡紫色，唇形。果實褐色，種子1～5粒。

【生態環境】本地區山坡地荒野路旁到處可見，以種子繁殖。

【使用部位】全株。

【性味功能】(1)根、莖、葉：性平，味苦。能清熱止咳、化痰截瘧，治咳嗽痰喘、瘧疾、肝炎。(2)果實：性溫，味辛、苦。能祛風、除痰、行氣、止痛，治感冒咳嗽、哮喘、風痺、胃痛、疝氣、痔瘡等。

【經驗處方】(1) 敗腎：根及莖2兩，水煎服或燉豬尾椎骨服。

(2) 關節炎：莖5錢，水煎服。

(3) 胃潰瘍、胃炎：乾果1兩，水煎服；或根1兩加紅糖，水煎服。

(4) 哮喘：子2～5錢，研粉加白糖水沖服。

(5) 慢性氣管炎：子焙乾研粉，加蜜煉為丸，每次服1丸。

(6) 青光眼：根加雞冠花、艾根各5錢，水煎服。

散血草

Ajuga taiwanensis Nakai *ex* Murata

【科　別】唇形科

【別　名】百症草、白尾蜈蚣、豬膽草、有苞筋骨草、筋骨草。

【植株形態】多年生草本，根細而短，莖高5～20公分。葉叢生，葉片匙形或倒披針形，長5～15公分，寬2～5公分，基部漸狹尖，先端鈍形或微突尖，波狀緣或疏鋸齒緣，兩面被短柔毛。夏秋開花，花生於葉腋，輪繖花序，排列成總狀花序，花冠管狀，白色，上部2唇裂，下唇較上唇長。雄蕊4枚，柱頭2歧。小堅果橢圓形，秋冬間結果。

【生態環境】本地區少見野生，庭園栽培，以種子繁殖或分芽繁殖。

【使用部位】全草。

【性味功能】性寒，味苦。能清熱解毒、涼血止血，治感冒、支氣管炎、扁桃腺炎、腮腺炎、痢疾、外傷出血等。

【經驗處方】(1) 喉痛、扁桃腺炎：鮮品5錢至1兩，水煎服或加豆腐共煮服。

(2) 喉癌、淋巴腺癌、腮腺癌、腹水癌：鮮品加康復力各2兩，水煎服。

(3) 喉痛發燒：鮮品1兩，搗汁或水煎服，可加蜜服。

(4) 鼻咽癌：鮮品加康復力、到手香各1兩，搗汁或水煎服。

(5) 高血壓：乾品研粉，每次服1錢，日服3次。

(6) 跌打損傷：鮮品1兩，搗汁加酒或蜜服。

【注意事項】本品極苦，服用量不可過多。

白布骨消

***Hyptis rhomboides* Mart. & Gal.**

【 科　　別 】唇形科

【 別　　名 】紅布骨消、頭花香苦草、圓白草。

【植株形態】一年生木質狀草本，根分枝多而短，莖高50～150公
　　　　　　分，直立方形，中空，綠色或帶紫紅色，有被毛。葉對
　　　　　　生，葉片披針形至卵狀長橢圓形，長5～15公分，寬1～
　　　　　　2.5公分，基部楔形，先端尖銳，葉緣不整齊鋸齒或疏
　　　　　　鋸齒緣，葉背面有黑色小點。頭狀花序球形，總花梗長
　　　　　　3～10公分，腋生，花白色，具總苞，苞片被毛。花萼
　　　　　　先端5裂，裂片三角形，尖端成細長針狀。花冠唇形，
　　　　　　下唇急下彎呈囊狀。雄蕊4枚。瘦果萼宿存。

【生態環境】本地區低海拔可見野生或庭園栽培，以種子繁殖。

【使用部位】全草。

【性味功能】性平，味甘。能祛濕、消滯、消腫、解熱、止血，治感
　　　　　　冒、肺疾、中暑、氣喘、淋病等。

【經驗處方】(1) 各種結石：本品5錢、金絲草3錢、化石草2錢、浸水
　　　　　　　　　竹皮5兩、車前草1兩、遍地錦5錢、一支香5錢、山
　　　　　　　　　芥菜5錢，加冰糖，水煎服。

　　　　　　(2) 感冒：本品2兩加桑葉、車前草各1兩，水煎服。

山香

Hyptis suaveolens (L.) Poir.

【科　別】唇形科

【別　名】山粉圓、臭屎婆、狗母蘇、假藿香、逼死蛇。

【植株形態】一年生草本，根枝很多，莖直立方形，有分枝。葉對生，卵形，葉緣有小鋸齒，兩面均被柔毛。花2～4朵腋生，總狀花序或圓錐花序，花冠藍色帶紫色。果實為小堅果。

【生態環境】本地區荒野有野生或庭園栽培，以播種繁殖。

【使用部位】全草。

【性味功能】性溫，味辛、苦。能疏風散瘀、行氣利濕、解毒止痛，治感冒頭痛、胃腸脹氣、風濕骨痛等；外用治跌打腫痛、創傷出血、癰腫瘡毒、蟲蛇咬傷、濕疹、皮膚炎。

【經驗處方】(1) 治不孕症：根半斤，燉土雞1隻吃，忌吃花生、香蕉、酸筍。

(2) 治香港腳：葉適量，搗碎敷患處。

(3) 治感冒：全草加大風草、雞屎藤、山瑞香各1兩，煎湯當茶喝。

(4) 肺積水、肋膜炎：全草加豬肺或瘦肉燉服。

(5) 清體內毒素：鮮葉或全草，水煎服。

(6) 淋巴癌：鮮根6兩，水6碗燉青殼鴨蛋服。

(7) 蛇傷：鮮葉搗爛外敷。

(8) 皮膚炎：全草適量，水煎洗患部。

白花益母草

Leonurus sibiricus L. forma *albiflora* (Miq.) Hsieh

【 科　　別 】唇形科

【 別　　名 】益母草、坤草、茺蔚。

【植株形態】一年生草本，根細，具主根，莖四稜形，有伏毛。葉對生，莖下部葉片掌狀3裂，上部之葉片亦3裂，小裂片成條形。夏季開花，白色，生於葉腋，輪狀花序。

【生態環境】本地區庭園栽培，以播種繁殖。

【使用部位】全草(或果實)。

【性味功能】(1)全草：性涼，味辛、苦。能活血、消水，治月經不調、水腫等。(2)果實：性涼，味甘、辛。能清熱，治月經不調。

【經驗處方】(1) 經風：白花益母草加虱母子頭、雷公根、金錢薄荷各1兩，水煎服。

(2) 白帶：白花益母草加白龍船、白蒲姜、白肉豆根、白果各5錢，葱白7枝，半酒水燉豬腸服。

(3) 盲腸炎特效：本品加桑寄生、鮮白鳳仙花各1兩，紅糖3錢，水煎服。

(4) 急性腎炎水腫：鮮品6～8兩，水700cc煎至300cc，分2次服。

(5) 月經痛：全草鮮品6兩，水煎服。

(6) 婦科百症：本品葉烘乾加鴨舌癀葉烘乾，適量加薑片炒麻油後，燉雞服。

【成分分析】本種含益母草鹼、水蘇鹼、益母草寧、苯甲酸、氯化鉀、月桂酸、亞麻酸、油酸、固醇、維生素A、芸香嗪等。

薄荷

Mentha arvensis L.

【科　　別】唇形科

【別　　名】野薄荷、卜荷。

【植株形態】多年生草本，鬚根，莖方形，直立或斜上，密被細毛，具腺點。葉對生，有柄，橢圓形、狹卵形或卵形，長2～8公分，寬0.2～2公分，先端銳，基部楔形，疏鋸齒緣。花冠筒狀，淡白或紫紅色。小堅果卵形，平滑。

【生態環境】本地區庭園栽培，繁殖法：扦插、分株法，喜歡潮濕地。

【使用部位】全草。

【性味功能】性涼，味辛、微甘。能祛風、散熱、解毒、發汗、解表、清暑化濁、清頭目、化瘀止痛，治傷風感冒、嘔吐、皮膚濕熱、小兒疳積、黃疸、水腫、皮膚癢、崩漏、白帶等。

【經驗處方】(1) 傷風感冒嘔吐：本品3錢、紫蘇2錢、枇杷葉2錢、燈心草1錢，水煎服。

(2) 皮膚濕熱癢：本品鮮品5兩，水煎湯後沐浴。

(3) 白帶：本品3錢加硫黃3錢，水煎服。

(4) 咽喉腫痛：本品1.5錢加牛蒡子、元參、桔梗、甘草各3錢，水煎服。

【注意事項】本品含揮發油，煎煮時間要短，長則無藥效或無味。

【成分分析】本品含薄荷醇、薄荷酮、樟烯、檸檬烯。

羅勒

Ocimum basilicum L.

【科　　別】唇形科

【別　　名】九層塔、光明子、佩蘭。

【植株形態】一至多年生草本，根不多而短，莖分枝多，全株有特殊
香氣。葉對生，近卵形，全緣或疏鋸齒緣。花紫色或白
色兩種，生於枝頂，花序一輪一輪的排列有如塔狀。種
子小。

【生態環境】本地區山坡地可見野生或庭園栽培，以種子繁殖，亦可
採扦插繁殖。本地可見品種有5種：(1)綠葉綠莖小葉。
(2)綠葉紅莖小葉。(3)綠葉綠莖大葉。(4)紫葉紫莖小
葉。(5)小葉檸檬香味。

【使用部位】全草(或根)。

【性味功能】(1)全草：性溫，味辛香。能祛風利濕、發汗解表、健脾
化濕、散瘀止痛，治風寒感冒、頭痛、胃腹脹滿、消化
不良、胃痛、泄瀉、月經不調、跌打損傷、小兒發育不
良等；外用治蟲蛇傷、濕疹、皮膚炎。(2)種子：性涼，
味甘、辛。能明目，治目赤腫痛。

【經驗處方】(1) 小兒發育不良：本品加雷公根、通天草各2兩，燉雞
服。

(2) 筋骨酸痛：本品頭6兩，半酒水燉豬前腳服。

(3) 目赤腫痛：種子1.5錢，水煎服。

(4) 血癌：本品頭4兩、土母雞1隻(去4爪)，藥材以麻油
炒後放入雞內，加紅露酒1瓶、黑棗4兩一起燉服。

(5) 當食品香料：嫩葉或心葉適量。

印度羅勒

Ocimum gratissimum L.

【科　　別】唇形科

【別　　名】七層塔、大本七層塔、丁香羅勒、美羅勒。

【植株形態】多年生草本，根系枝多而長，莖木質化方形，全株密被柔毛，有濃烈的味道。葉對生，卵形或卵狀披針形，先端尖，鋸齒緣。輪繖花序，著生於莖上部的節上。花萼管狀4裂。小堅果卵形。

【生態環境】本地區山坡地可見野生或庭園栽培，以種子繁殖。

【使用部位】全草。

【性味功能】性溫，味辛。能疏風解表、消腫止痛，治肝病、風濕背痛等。

【經驗處方】(1) 肝炎、肝功能不好：本品加黃水茄、木棉根、扛香藤各1兩半，水煎加黑糖服。

(2) 肝病、肝硬化：本品加扛香藤各2兩，加黑糖水煎服。

(3) 膽發炎：本品加狗肝菜、含羞草頭各1兩半，水煎服。

(4) 養生保肝湯：本品加黃水茄、狗肝菜、五指茄、車前草、含羞草、白鶴靈芝草、咸豐草、金銀花、魚腥草、水丁香各1兩，水煎加黑糖當茶喝。

貓鬚草

Orthosiphon aristatus (Blume) Miq.

【科　　別】唇形科

【別　　名】化石草、腰只草、腎草。

【植株形態】多年生草本，莖褐色方形，高約50～90公分。葉卵形，對生，長約3～5公分，寬約1～3公分，疏齒緣。花頂生，淡紫色，花絲長似貓鬚，花期於夏、秋之間。堅果細小，球形。

【生態環境】本種為外來引進植物，本地區零星人為栽培，以種子或扦插進行繁殖。

【使用部位】全草。

【性味功能】性涼，味甘、微苦。能清熱消炎、排石利尿，治高血壓、尿路結石、腎炎、風濕性關節炎等。

【經驗處方】(1) 各類結石：貓鬚草3兩、化石樹3兩(均鮮品)，煎水當茶服用。

　　　　　　(2) 高血壓：貓鬚草適量，水煎服。

　　　　　　(3) 腎炎：全草5錢至1兩，水煎服。

　　　　　　(4) 尿路感染、尿頻、尿急：本品加葉下珠、鴨跖草各1兩，水煎服。

半枝蓮

Scutellaria barbata D. Don

【 科　　別 】唇形科

【 別　　名 】向天盞、狹葉韓信草、並頭草。

【植株形態】越年或多年生草本，莖直立，高約15～40公分。葉對生，卵狀披針形，長約0.8～3公分，寬約0.4～1.2公分，全緣或疏鋸齒狀。花於春、夏季開放，淡藍紫色，穗狀輪繖花序，花輪2朵並生，管形花冠。球形小堅果，種子細小。

【生態環境】全區散見於平野濕潤地，或人為栽種，以種子進行繁殖即可。

【使用部位】全草。

【性味功能】性平，味辛。能清熱解毒、活血散瘀、消炎止血、抗癌等，治肺炎、腸炎、胎毒、癌腫、咽喉疼痛、吐血、黃疸、疔瘡等。

【經驗處方】(1) 大腸癌、直腸癌：半枝蓮1兩、白花蛇舌草1兩、煮飯花頭1兩、紅黑棗各10粒，煎水當茶服用。另鳳梨一天至少吃1粒，切時不可用水洗。

(2) 肝癌：半枝蓮1兩、石上柏2兩、紅棗8粒，10碗水煎5碗，當茶服用。

朝天椒

Capsicum annum L. var. *conoides* (Mill.) Irish

【科　　別】茄科

【別　　名】雞心椒、小號辣椒、向天椒、指天椒、番仔椒。

【植株形態】多年生草本，根分枝多，莖直立多分枝，光滑無毛。葉互生，卵形或披針形，全緣。花1～3朵生於葉腋，花冠白色，5裂。果實圓錐形，朝天直立，種子扁圓形。

【生態環境】本地區山坡地野生或田野栽培，以種子繁殖(未曬乾就播種方可發芽)。

【使用部位】果或根莖。

【性味功能】性熱，味極辛。能溫中散寒、健胃消食、消腫止痛、活血解毒，治胃寒疼痛、消化不良、凍瘡、腳氣、狂犬咬傷等。

【經驗處方】(1) 治痔瘡：根及莖(頭)4兩，燉豬大腸頭5寸服；或每天早晨空腹吞食果實1粒。

(2) 治小兒臭頭：根加苦瓜根、臭茉莉根各1兩，燉青蛙服。

(3) 治胃寒疼痛：辣椒果曬乾磨粉，拌菜吃，每次1公克以下。

(4) 治凍瘡、風濕關節炎：全草水煎薰或洗患處。

(5) 治手足無力、功能性子宮出血：頭4兩燉雞腳4隻，半酒水燉服。

(6) 治食慾不振：果微量加在食品上吃可，幫助消化。

【注意事項】有心臟病患者少吃辣椒。

【成分分析】果實含辣椒鹼、胡蘿蔔素及兩種維生素。

紫花曼陀羅

Datura tatula L.

〔 科　　別 〕 茄科

〔 別　　名 〕 曼陀羅、重瓣曼陀羅。

〔植株形態〕 株高約150公分，莖及葉柄紫色。葉全緣波狀或有淺裂，柄長約6公分，葉身長17公分，寬10公分，葉互生。花萼筒長約9公分，花二重瓣，紫與白相間，第一層花瓣5尾尖，第二層8尾尖，花長達18公分。果實為蒴果，圓形，表面有刺，種子多數。

〔生態環境〕 台灣全島各地偶見栽培。

〔使用部位〕 全株。

〔性味功能〕 花與子性溫，味辛，有毒。有麻醉、平喘之效，治哮喘、風濕痹痛等。

〔經驗處方〕 (1) 治哮喘：曼陀羅花乾品與菸葉等分搓碎，作菸吸，喘止即停用。

〔注意事項〕 全株有毒(屬於神經性的毒性)。孕婦、兒童需禁用。

枸杞

Lycium chinense Mill.

【科　別】茄科

【別　名】地仙公、地骨、地骨皮、枸棘子、枸繼子、甜菜子。

【植株形態】多年生落葉小灌木，根分枝多名地骨，莖有棘刺細長。葉有短柄，互生或密生，披針狀長橢圓形或倒卵形，全緣。花腋生，1～4朵簇生，花萼鐘形，5淺裂，花冠5裂，淡紫色。雄蕊5枚，雌蕊1枚，花柱細長。漿果橢圓形，成熟時紅色或橘紅色，種子多數。

【生態環境】本地區低海拔或庭園栽培，以插枝或種子繁殖。

【使用部位】全株。

【性味功能】(1)成熟果實稱枸杞子：平，甘。能滋腎、潤肺、補肝、明目，治肝腎陰虛、腰膝酸軟、目眩、消渴、遺精等。(2)根皮稱地骨皮：寒，甘。能清熱、涼血，治肺熱咳嗽、高血壓等。(3)粗莖及根(藥材稱枸杞根或枸杞頭)能解毒、消炎，治風濕、肝炎、眼病、腰酸、腎虧、牙痛、慢性盲腸炎、糖尿病等。

【經驗處方】(1) 視力模糊：根3兩加冬蟲夏草2錢、九孔半斤，燉服。

(2) 流眼淚：枸杞子水煎服或泡開水服。

(3) 目赤生翳：枸杞鮮子搗汁，用棉花沾擦眼睛，日擦數次。

(4) 結膜炎：根加龍吐珠、桑根、鼠尾癀各3錢，水煎服。

(5) 各種眼病：根加杭菊、熟地、黃精各3錢，水煎服。

(6) 刀傷、擦傷：鮮葉適量，搗爛外敷。

(7) 補腎、補虛：根及莖加小本山葡萄各2兩，金英根1兩，燉鴨蛋服。

(8) 補氣、補虛：枸杞子5錢，燉瘦肉服。

(9) 養生茶：根、莖、葉、種子均可，水煎當茶喝。

地骨皮藥材▶

▲ 枸杞子藥材

黃水茄

Solanum incanum L.

【科　　別】茄科

【別　　名】野茄、白絨毛茄。

【植株形態】多年生草本，軸根，全株有白色星狀毛，有的有刺。葉互生，卵形或廣卵形，葉緣波狀或不整齊狀淺裂。花藍紫色，萼鐘狀，5～6深裂，花冠鐘形，外側被毛。漿果橢圓形，成熟時黃色或橙色，種子扁圓形。

【生態環境】本地區山坡地野生或庭園栽培，以種子繁殖。

【使用部位】全草(或頭)。

【性味功能】性寒，味辛。能消炎解毒、祛風止痛，治肝炎、肝硬化、淋巴腺炎、鼻竇炎、皮膚癢、瘡癤等。

【經驗處方】(1) 肝炎：莖和根乾品1兩半，水煎服。

(2) 急性肝炎：本品加化石草1兩半加黑糖，水煎服。

(3) 慢性肝炎：本品加扛香藤各2兩、萱草根1兩，燉赤肉服。

(4) 治鼻竇炎：根加苦瓜根各1兩，水煎服。

(5) 治皮膚癢、瘡癤：本品1兩加木芙蓉1兩半，燉瘦肉，半酒水服。

(6) 治肝功能不好：本品加七層塔、扛香藤、兗州卷柏、木棉根、五爪金英各1兩，水8碗煎2碗半當茶喝。

(7) 治B型肝炎：本品加木棉根、七層塔、兗州卷柏、五爪金英、山苧麻各1兩，水8碗加冰糖煎3碗，三餐飯後服。

鈕仔茄

Solanum violaceum Ortega

【科　　別】茄科

【別　　名】刺天茄、天茄子、金鈕頭、小顛茄、刺茄、刺柑仔。

【植株形態】多年生小灌木，莖高約2公尺，全株被星狀柔毛，並疏生銳鉤刺。葉互生，柄具短刺，葉片矩圓狀卵形或廣披針形，長5～15公分，寬2～6公分，全緣或波緣至深裂為羽狀，兩面均被星狀毛，葉脈具刺無毛。聚繖花序側生，花藍紫色，萼5裂，裂片披針形，花冠淺鐘形。雄蕊5枚，生於花冠喉部，花藥黃色。子房2室。漿果圓形。

【生態環境】本地區低海拔野生或庭園栽培，以播種繁殖。

【使用部位】全株或根。

【性味功能】(1)全株性涼，味微苦。能消炎止痛、消腫散瘀，治咽喉腫痛、胃痛、牙痛、偏頭痛、腸癰、疝氣、風濕痛、消化不良、腹脹、瘧疾、癰瘡腫毒、跌打損傷等。(2)根性平，味苦。能清熱除濕、祛瘀消腫，治風濕痹痛、腹痛、頭痛、牙痛、咽喉腫痛等。

【經驗處方】(1) 風熱感冒：根1兩，半酒水煎服。

(2) 花柳病：全株3兩加金鳳花頭、雨傘仔頭各1兩，半酒水燉青殼鴨蛋服。

(3) 無名腫毒：鮮根1兩，半酒水煎服。

(4) 乳癌：葉烘乾，研粉外敷。

倒地蜈蚣

Torenia concolor Lindl.

【科　　別】玄參科

【別　　名】釘地蜈蚣、四角銅鐘、過路蜈蚣。

【植株形態】一年生草本，根細小，莖分枝多，倒地而生。葉有柄，對生，卵形或心形，鋸齒緣。總狀花序腋生，多單生，花冠不整齊之唇形，藍紫色。果實為蒴果。

【生態環境】山坡地野生或庭園栽培。

【使用部位】全草。

【性味功能】性微寒，味甘、酸、微苦。能消炎、解熱，治中暑、痢疾、火傷、瘡癤、傷風、筋骨疼痛等。

【經驗處方】(1) 火傷、傷風、筋骨疼痛、瘡癤：全草1兩，水煎服。

(2) 痢疾：鮮品搗汁，加蜜服。

(3) 退熱、消炎：鮮品4兩(或乾品1兩)，水煎服。

(4) 外傷紅腫：鮮品適量，搗爛外敷。

(5) 帶狀疱疹：鮮品搗汁，捈患處。

(6) 牙周病：鮮品加鹽，擦牙齦。

穿心蓮

Andrographis paniculata (Burm. f.) Nees

【科　　別】爵床科

【別　　名】苦草、一見喜、苦膽草、四方蓮。

【植株形態】一年生草本，根細、莖四稜形，多分枝，全株光滑。葉對生，柄短，葉片披針形或長圓狀卵形，先端漸尖，基部也漸尖，全緣。圓錐花序生於枝頂或葉腋，花冠白色，常有淡紫色條紋。蒴果長橢圓形，成熟時裂開，種子很小，數量多少不一定。

【生態環境】本地區庭園栽培較多，少見野生，以種子繁殖。

【使用部位】全草。

【性味功能】性寒，味苦。能清熱解毒、消腫止痛，治扁桃腺炎、流行性腮腺炎、肺炎、細菌性痢疾、急性胃腸炎等，為消炎之特效藥。

【經驗處方】(1) 肺炎：乾品研粉，每次服5分。

　　　　　　(2) 退火(包括胃火、心火、肝火、腎火)：鮮葉每天服3～5片，沖開水或水煎服。

　　　　　　(3) 腸炎：本品每次服5錢，水煎服。

　　　　　　(4) 肝炎、口腔炎、咽喉炎、高血壓：鮮葉5～6片，沖開水或水煎服。

　　　　　　(5) 攝護腺炎：乾品研粉，每次服3～5分。

　　　　　　(6) 各種癌症：本品5錢，水煎服或研粉每次服1～2錢。

　　　　　　(7) 毒蛇咬傷：鮮葉搗爛外敷，另內服鮮葉3～5錢，水煎服。

　　　　　　(8) 各種腫毒：鮮葉搗爛外敷。

　　　　　　(9) 牙痛：鮮葉加到手香，塞牙痛處。

【注意事項】本品消炎效果特別好，但用量不可過量，過多會全身無力，體力衰退。

爵床

Justicia procumbens L.

【科　　別】爵床科

【別　　名】鼠尾癀、麥穗癀。

【植株形態】一年生草本，根細小而短，莖方形，節稍膨大。葉對生，長橢圓形或廣披針形，全緣，先端尖，兩面均有短柔毛，葉柄0.5～1公分。穗狀花序頂生或腋生，花冠淡紅色或紫紅色。

【生態環境】本地區山坡地可見野生，大多庭園栽培，以種子繁殖。

【使用部位】全草。

【性味功能】性涼，味苦。能消炎退癀、清熱解毒、利濕消滯、活血止痛，治感冒發熱、痢疾、黃疸、跌打等。

【經驗處方】(1) 感冒咳嗽、發燒、喉痛：本品5錢～1兩，水煎服，可加桑葉、枇杷葉各1兩。

(2) 中暑：本品加鳳尾草、白花草各5錢，加黑糖水煎服。

(3) 腫毒：本品加瓶爾小草、苦蕺、黑糖各適量，搗爛外敷。

(4) 尿道炎：本品加金絲草各2兩，水煎服。

(5) 飛蛇：本鮮品適量，加米漿搗汁塗之。

車前草

Plantago asiatica L.

【科　　別】車前科

【別　　名】五根草、五斤草、錢貫草、五筋草。

【植株形態】多年生草本，鬚根，地下莖粗短。葉從根出，闊卵形，基出掌狀脈5～7條。穗狀花序，花細小，白色，花莖高可達40公分。蓋果卵形，長橢圓形，橫裂，種子4～6顆，扁平黑褐色。

【生態環境】本地區到處野生，以種子繁殖。

【使用部位】全草。

【性味功能】性寒，味甘。能清熱利尿、祛痰、涼血、解毒，治水腫尿少、熱淋澀痛、暑濕瀉痢、痰熱咳嗽、吐血、衄血、癰腫、瘡毒等。

【經驗處方】(1) 淋病：全草數兩加冰糖煎，當茶喝，可加金絲草1兩煎服。

(2) 胎毒：鮮品加菁芳草、馬蹄金、水蜈蚣、蛇莓、遍地錦，搗汁加冬蜜服。

(3) 痢疾：全草加魚腥草1～2兩，水煎服。

(4) 心包油：全草數兩，加砂入豬心燉服。

(5) 香港腳：鮮葉加鹽擦患處或水煎加鹽泡腳。

(6) 感冒：全草1～2兩，加黑糖水煎服。

冇骨消

Sambucus chinensis Lindl.

【科　　別】忍冬科

【別　　名】七葉蓮、臺灣蒴藋、接骨草。

【植株形態】莖高約2～3公尺，莖有稜形突起。葉廣披針形，葉長約8～15公分，奇數羽狀複葉，小葉3對，葉緣鋸齒狀。夏秋開花，聚繖花序，排列成繖狀，自莖預開出花，花冠白色、鐘形、5裂，雄蕊5枚，雌蕊3裂。

【生態環境】生於台灣全島低海拔之林間或溝邊，性喜陰濕，因莖質鬆脆，葉多又長，故不喜歡風太大的地方。

【使用部位】全草(或根)。

【性味功能】性溫，味甘、酸。(1)全草能清熱解毒、解熱鎮痛、活血化瘀、利尿消腫，治肺癰、風濕性關節炎、無名腫毒、腳氣浮腫、泄瀉、黃疸、咳嗽痰喘；外用治跌打損傷、骨折。(2)根可利尿、解毒，治嚴重腎炎水腫、無名瘡瘍腫毒、小便淋瀝、乳房內結核等。

【經驗處方】(1) 治神經炎：取鮮品根部約半斤，燉豬脊骨服。

(2) 治嚴重腎炎水腫：用其心葉掠乾，切碎並與少許麻油炒出味，再加雞蛋1粒，煎成蛋餅，於溫熱時封貼於肚臍約15分鐘取棄，每日1回。

桔梗

Platycodon grandiflorum (Jacq.) A. DC.

【科　　別】桔梗科

【別　　名】白藥、大花桔梗、草桔梗、苦桔梗。

【植株形態】多年生草本，根分枝多而粗，莖直立，高30～90公分。下部葉3～4片，輪生或對生，上部有互生葉片，卵狀披針形，長3～6公分，寬1～2.5公分，先端尖，基部近圓形，鋸齒緣。花冠鐘形，5裂，紫藍色，單生莖頂，單一或數朵組合為總狀花序。蒴果倒卵形，種子卵形。

【生態環境】本地區多庭園栽培，為景觀植物，以種子繁殖。

【使用部位】根。

【性味功能】性平，味苦、辛。能宣肺利咽、祛痰排膿、催吐，治氣管炎、咳嗽、肺膿瘍、咽喉炎等，為常用鎮咳祛痰藥之一。

【經驗處方】(1) 肺癰：本品1兩、甘草2兩，水6碗煎2碗，分2次服。

(2) 傷寒痞氣：本品1兩、枳殼1兩，水煎服。

六神草

Acmella oleracea (L.) R. K. Jansen

【科　　別】菊科

【別　　名】金鈕扣、鐵拳頭。

【植株形態】一年生草本，根細小，莖直立多分枝，全株光滑。單葉對生，葉片廣卵形至三角形，先端銳尖，基部楔形，3出脈，疏鋸齒緣。頭狀花序頂生或腋生，卵圓形，形如「拳頭」，花序軸細長。花未開時，紫色或暗紫色，花開時，黃色或鮮黃色，幾乎全為管狀花，每小花具舟形小苞。瘦果扁平，成熟時不具木栓化的邊緣。

【生態環境】本地區野生很少，大多是庭園栽培，以種子繁殖。

【使用部位】花序或全草。

【性味功能】性涼，味辛。能消炎、止痛、消腫，具麻醉作用，治牙痛、胃寒痛、感冒咳嗽、腹瀉、跌打、風濕痛、疔瘡腫毒等。

【經驗處方】(1) 牙痛：以花序一小部份含在牙間即可止痛、消炎、消腫。(特效)

(2) 喉痛：花序1～2粒，開水沖服。

(3) 腹痛：花序1粒，放入口中嚼後服開水。(特效)

(4) 毒蛇咬傷：花序5～6粒，米酒送服或泡酒外敷傷口。

(5) 無名腫毒：花序或葉適量，搗爛外敷。

【注意事項】本品是麻醉止痛特效藥，使用不可過量。

雞鵤刺

Cirsium brevicaule A. Gray

【科　　別】菊科

【別　　名】雞薊卷、雞觴胎、大小薊、雞公刺。

【植株形態】多年生宿根草本，主根粗大，細根細小，莖直立有縱條
　　　　　　紋，密被白軟毛。葉互生，根能生葉，倒卵狀長橢圓
　　　　　　形，羽狀分裂，裂片5～6對，葉緣不等長，有淺裂和斜
　　　　　　刺，莖生葉向上漸小。頭狀花序單生在枝端，全部為管
　　　　　　狀花，白色。種子扁薄。

【生態環境】本地區到處野生，以種子繁殖，水份過多會爛根而死
　　　　　　亡。

【使用部位】全草(或根)。

【性味功能】性涼，味甘。能涼血活血、祛瘀消腫、解毒、利水、補
　　　　　　虛，治吐血、衄血、水腫、淋病、瘡癬、腸癰、燙火傷
　　　　　　等。

【經驗處方】(1) 吐血：鮮品絞汁服，每次約300cc。

　　　　　　(2) 肺癰：鮮品4兩，水煎服。

　　　　　　(3) 肺結核：鮮根4兩，水煎服。

　　　　　　(4) 痔瘡：鮮根3兩，燉豬大腸頭1段服。

　　　　　　(5) 對口瘡：根4兩，水煎服。

【注意事項】脾胃虛寒者忌服。

昭和草

Crassocephalum crepidioides (Benth.) S. Moore

【科　　別】菊科

【別　　名】山茼蒿、野茼蒿、飛機草、饑荒草、神仙菜。

【植株形態】一年生草本，株高約45～100公分，莖圓筒狀被細毛，有縱條紋。葉長橢圓形，互生，長約5～11公分，寬約3～5公分，葉緣呈不規則鋸齒形。花期春到秋季間，頭狀花序常呈下垂狀，頂端赤紅色。瘦果細圓柱狀，具白色冠毛。

【生態環境】本種為外來植物，分佈極廣。全區平野到山區均可見蹤影，以種子繁殖。

【使用部位】全草。

【性味功能】性平，味苦、微辛。能清熱解毒、行氣消腫、利尿通便，治高血壓、水腫、消化不良、腸炎、痢疾、感冒、發熱等。

【經驗處方】(1) 尿酸：昭和草適量，水煎服。

　　　　　　(2) 治感冒發熱：昭和草2～3兩，水煎服。

　　　　　　(3) 治乳腺炎：昭和草適量，搗汁內服渣外敷。

蘄艾

Crossostephium chinense (L.) Makino

【科　　別】菊科

【別　　名】芙蓉、白芙蓉、芙蓉菊。

【植株形態】多年生草本，根短分枝多，莖分枝多。葉互生，緊聚於枝頂，狹倒卵狀楔形，密被灰白色，短柔毛。頭狀花序近球形，生於上部葉腋內，具梗，成一頂生總狀花序。種子很小。

【生態環境】本地區住家、庭園、公園、遊樂區，到處都有人栽培。有的用盆栽，有的種成排作為景觀植物。

【使用部位】全草(或葉，或頭)。

【性味功能】性微溫，味辛、苦。能祛風濕、轉骨、解毒、固肺，治風濕、跌打、肺病、下消、小兒發育不良等。

【經驗處方】(1) 小兒發育不良：本品頭加艾根、秤飯藤、通天草(狗尾草)、雷公根各3兩，半酒水燉雞服。

(2) 敗腎：全草2兩，燉豬腳服。

(3) 下消：本品加龍眼根、牛乳房、小本山葡萄、馬鞍藤各1兩，燉豬腸服。

(4) 五十肩：全草4兩，燉豬前腳服。

(5) 流目油：鮮心葉適量，加苦茶油炒後，煎雞蛋服。

(6) 風濕關節炎：本品加大風草、九層塔、苦林盤、小金英、雞屎藤各 1 兩半，以半酒水燉豬尾椎骨服。

漏蘆

Echinops grijsii Hance

【科　　別】菊科

【別　　名】山防風、和尚頭、東南藍刺頭。

【植株形態】多年生草本，主根粗大，莖直立，密生蛛絲狀毛及白色柔毛。基生葉有長柄，羽狀全裂，口琴形，裂片常再羽狀深裂或淺裂，兩面均被蛛絲狀毛或粗糙毛茸。頭狀花序頂生，花全部管狀，淡紅紫色。

【生態環境】本地區庭園栽培，以種子繁殖。

【使用部位】根。

【性味功能】性寒，味苦、鹹。能清熱解毒、消腫排膿、下乳、通筋脈，治乳腺炎、濕疹、咽喉腫痛等。

【經驗處方】(1) 治血癌、肝癌：根4兩加紅棗20粒、排骨3塊，燉後渴湯。

(2) 治骨癌、胃潰瘍：根4兩加排骨數塊燉服。

(3) 治腮腺炎：根5錢加板藍根3錢、牛蒡子3錢、甘草3錢，水煎服。

毛蓮菜

Elephantopus mollis Kunth

〔 科　　別 〕菊科

〔 別　　名 〕白花丁豎杇、丁豎杇、地膽草。

〔植株形態〕一年生草本，主根粗枝根多，莖易折，全草被白毛。葉對生，具柄，卵形、粗鋸齒緣。四季開花，花序皆由管狀花構成，白色。瘦果被短毛。

〔生態環境〕本地區到處野生。

〔使用部位〕全草(或根及莖)。

〔性味功能〕性涼，味甘、酸。能利尿、解毒、抗炎，治腎炎、淋病、糖尿病等。

〔經驗處方〕(1) 肝病：本品曬乾4兩，水煎濃湯後服。

(2) 盲腸炎、尿道炎、膀胱炎：本品加六月雪、鳳尾草各1兩，水煎服。

(3) 糖尿病、高血壓：本品水煎當茶飲。

(4) 腎臟病：鮮葉洗淨炒乾後加苦茶油，炒雞蛋吃。

(5) 鼻竇炎：嫩葉洗淨，塞入雞腹內燉服。

紫背草

Emilia sonchifolia (L.) DC. var. *javanica* (Burm. f.) Mattfeld

【科　別】菊科

【別　名】葉下紅、一點紅。

【植株形態】一年生草本，高約15～30公分，莖單一或分枝。葉互生，稍具肉質，背面常呈紫紅色，長約5～10公分，寬約3～6公分。夏秋間開花，紫紅色花冠，頭狀花序，均為兩性之管狀花。

【生態環境】本地區平地到山區皆可見。以種子進行繁殖。

【使用部位】全草。

【性味功能】性涼，味微苦。能清熱解毒、活血消腫、涼血止血、消炎利尿，治感冒發熱、肺炎、腸炎、腎炎、咽喉疼痛、便血、小便不利、無名腫毒等。

【經驗處方】(1) 無名腫毒：全草鮮品一把，加黑糖搗敷患處。

(2) 流鼻血、虛熱：紫背草、白茅根、變地錦、黃槿各1兩，水5碗煎2碗，燉赤肉4兩，早晚飯後服用。

(3) 心臟衰弱：乾品2兩加冰糖，水煎服。

(4) 瘀青：鮮葉搗爛外敷。

(5) 嫩葉可當蔬菜。

白鳳菜

Gynura divaricata (L.) DC. subsp. *formosana* (Kitam.)
F. G. Davies

【科　　別】菊科

【別　　名】白癀菜、臺灣土三七。

【植株形態】多年生伏臥性草本，根短而少，莖肉質有節，多分枝，全株被細毛。單葉互生，肉質具柄，葉片卵形或橢圓形，粗鋸齒緣。頭狀花序頂生，花冠橙黃色，皆為管狀花，管狀花聚集成頭狀花序，花序再排列成繖房狀。瘦果圓筒形，有10條稜線，上披冠毛。

【生態環境】本地區少見野生，大多庭園栽培，當蔬菜吃，可分芽或扦插繁殖。

【使用部位】莖、葉。

【性味功能】性涼，味甘、淡。能清熱解毒、涼血止血，治肝炎、支氣管肺炎、小兒高燒、百日咳、目赤腫痛、風濕關節痛、崩漏、跌打損傷、骨折、外傷出血、乳腺炎、瘡瘍癰腫、燒燙傷等。

【經驗處方】(1) 糖尿病：鮮枝葉適量，打汁加蜜服或水煎服。

(2) 肝炎：鮮枝葉適量，搗汁或水煎服加蜜。

(3) 高血壓：本品3兩，水煎服。

(4) 肺炎：本品加下田菊各2兩，水煎服。

(5) 腸炎：本品3兩，水煎服。

(6) 當蔬菜吃：嫩葉適量，當蔬菜煮食。

刀傷草

Ixeridium laevigatum (Blume) J. H. Pak & Kawano

【科　　別】菊科

【別　　名】三板刀、大公英、馬尾絲。

【植株形態】多年生草本，主根粗短，莖高15～45公分。葉單生或叢生，葉柄不明顯，葉片長橢圓形或紡錘狀披針形，基部漸尖，先端尾尖或短尖，疏鋸齒緣或不整齊羽狀，淺裂並疏生細毛，葉背灰白色，莖生葉稀疏，葉片漸小。花序具短中軸，著生多個頭狀花序，並排列成繖房狀或圓錐狀，每個頭狀花序約有10朵舌狀花，花期幾乎全年。瘦果狹披針形。

【生態環境】本地區東海岸山壁或河邊有野生，或見庭園栽培。

【使用部位】全草。

【性味功能】性寒，味苦。能消炎退癀、祛風行血、解熱健胃、清熱解毒，治肺炎、肝炎、感冒、氣喘、乳癰、腫毒、胃痛、風濕、跌打、毒蛇咬傷等。

【經驗處方】(1) 刀傷：鮮葉適量，搗爛外敷。

(2) 中風：本品2兩，水煎服。

(3) 胃痛：根2兩，水煎服。

(4) 乳癌、腸癌：本品3兩，水煎服。

(5) 肺炎、咳嗽、肺積水：本品2兩加雙面刺2錢，加二次洗米水燉青殼鴨蛋服。

(6) 癰疔：本品加豨薟草各2兩，水煎服。

(7) 背癰：鮮葉加鹽搗爛外敷。

(8) 猛爆性肝炎：鮮品絞汁，加蜜服。

欒樨

Pluchea indica (L.) Less.

【科　　別】菊科

【別　　名】鯽魚膽、臭加錠、闊苞菊。

【植株形態】小灌木，高1～2公尺，直立或斜向，多分枝而葉茂密。葉互生，具短柄，葉片厚紙質，倒卵形至矩圓狀橢圓形，長1.5～4公分，寬1～2.5公分，基部楔形或漸狹尖，先端鈍形或短尖，不規則疏鋸齒緣或偶全緣，葉脈被細柔毛。頭狀花序多數，排列成繖房狀，頂生枝端，長5～15公分。頭狀花序卵形，淡紫色，長約0.7公分，徑約0.5公分。總苞片5輪，外層苞片廣卵形，中層苞片卵形，內層苞片披針形至線形。頭狀花序由舌狀花或管狀花構成，舌狀花為雌花，位於周圍，絲狀，先端3裂，較花柱為短；管狀花為兩性花，位於中央，先端5～6裂。瘦果扁四角狀柱形，具10稜，冠毛淡黃白色。

【生態環境】本地區平地或河床流域可見。

【使用部位】全株。

【性味功能】性溫，味辛。(1)根能解熱、除濕、祛風，治風濕骨痛、坐骨神經痛、筋骨抽搐痛等。(2)葉能解毒、消腫，治瘡癤、刀傷、跌打損傷等。原住民用於沐浴，以祛寒保溫。

【經驗處方】(1) 坐骨神經炎與肋骨酸痛：地上部莖葉煮水浸泡或熱敷。

(2) 風寒型感冒：成熟葉片2兩，水煎服。

金腰箭

Synedrella nodiflora (L.) Gaert.

【科　　別】菊科

【別　　名】節節菊、萬花鬼箭、苦草、包殼菊。

【植株形態】一年生直立草本，具鬚根，莖高50～100公分，多分枝。葉對生，卵狀披針形，葉緣有小鋸齒，具主脈3條。頭狀花序頂生或腋生，總苞數枚，最外層葉狀，內層乾膜質鱗片狀，外圍舌狀花，雌性黃色；中央管狀花，兩性。瘦果圓柱形。

【生態環境】本地區到處可見野生，以種子繁殖。

【使用部位】全草。

【性味功能】性涼，味微辛。能清熱解毒、涼血散毒、散瘀消腫，治瘟痧、感冒發熱；外用治瘡瘍腫毒、瘡疥。

【經驗處方】(1) 肝硬化有腹水：本品1兩加石上柏2兩、鈕仔茄2兩，水10碗煎5碗當茶喝。

(2) A型肝炎、肝硬化：鮮品1斤，搗汁喝，渣再加水20碗煎1碗喝。

(3) 疥瘡：本品3兩，水煎服；或本品5兩，水煎洗患處。

(4) 疔瘡：本品鮮葉適量，加少許食鹽，搗爛外敷。

西洋蒲公英

Taraxacum officinale Weber

【科　　別】菊科

【別　　名】蒲公英、蒲公草、藥用蒲公英、蒲公英地丁、黃花地丁。

【植株形態】多年生宿生性草本，主根圓柱形、粗大，根莖短。葉於根莖上密集叢生，平鋪地面或斜上，具短柄或無柄，葉片倒披針形，全緣或逆向羽狀，缺刻及羽狀深刻，裂片大小不一，先端裂片呈三角狀。花梗由莖端基部伸展，單生多數直立，頭狀花黃色，舌狀花先端5裂，皆兩性花。總苞杯形，苞片線狀披針形。子房下位。瘦果稍扁平，具白色冠毛，成熟時展開全體呈球狀。

【生態環境】本地區庭園栽培，當景觀植物，以種子繁殖。

【使用部位】全草(或根)。

【性味功能】性涼，味苦、甘。能清熱解毒、散結消炎、止痛健胃、利尿通淋，治疗瘡腫毒、乳癰、目赤、肺癰、腸癰、濕熱黃疸、熱淋澀痛、乳癰、瘰癧、疔毒瘡腫、感冒發熱、胃腸炎、膽囊炎、尿路感染、急性淋巴腺炎、結膜炎、支氣管炎、扁桃腺炎等。

【經驗處方】(1) 肝炎：根6錢加茵陳蒿4錢、柴胡3錢、山梔子3錢、鬱金3錢、茯苓3錢，水煎服。

(2) 膽囊炎：本品1兩，水煎服。

(3) 急性乳腺炎：本品2兩、香附1兩，水煎服。

(4) 急性結膜炎：鮮品5錢，加金銀花5錢，分別水煎湯，滴入眼內。

五爪金英

Tithonia diversifolia (Hemsl.) A. Gray

【 科　　別 】菊科

【 別　　名 】太陽花、樹菊、腫柄菊、王爺葵。

【植株形態】二年生灌木狀草本，主根分枝，莖高1.5～4公尺，莖粗壯，密生短柔毛。葉互生，柄長，葉片形狀不規則，深裂或不分裂卵狀披針形，葉緣細鋸齒。花黃色，大形，頭狀花序，頂生或側生，夏秋開花。瘦果長橢圓形。

【生態環境】本地區荒野地常見，路旁也有野生。

【使用部位】全株(或莖葉)。

【性味功能】性寒，味苦。(1)葉能清熱解毒、消腫止痛。(2)根及莖能消炎、解毒，治肝硬化、B型肝炎、肝病等。

【經驗處方】(1) 肝硬化：根及莖(乾品)2兩，燉豬尾椎骨服或煎湯服。

(2) B型肝炎：葉1兩，煎湯服或燉排骨服。

(3) 肝癌：本品加豨薟草、小號山葡萄、土牛膝、耳鉤草、馬鞭草、黃水茄、大風草、青果根各5錢，水煎服。

黃花蜜菜

Wedelia chinensis (Osbeck) Merr.

【 科　　別 】菊科

【 別　　名 】蟛蜞菊、田烏草、黃花田路草、海沙菊、鐮磨仔。

【植株形態】多年生草本，根細小，莖匍匐狀，全株被毛，高約50公分。葉對生，無柄，倒披針形，全緣或鋸齒緣。頭狀花序腋生或頂生，花冠色黃，5～10月開花。果實為蒴果，倒卵形，具3稜，種子細小。

【生態環境】本地區田野及溝邊濕地可見，民間庭園栽培，以扦插或種子繁殖。

【使用部位】全草。

【性味功能】性微寒，味甘、淡。能清熱、解毒、消腫、祛瘀、化痰止咳、涼血、止血，治白喉、百日咳、急性肝炎、痔瘡、血崩、毒蟲、毒蛇咬傷、小兒感冒發燒、跌打損傷等。

【經驗處方】(1) 小兒感冒發燒：鮮草加馬蹄金、菁芳草，搗汁加蜂蜜服用。

(2) 白喉：鮮草2兩、甘草3錢、通草5分，水煎服。

(3) 急性肝炎：鮮草1把，鬼針草、車前草各1把，水煎服。

蒼耳

Xanthium strumarium L.

【科　　別】菊科

【別　　名】羊帶來、虱母球。

【植株形態】一年生草本，根短有主
根，莖明顯縱稜具毛。葉
互生，心形，葉緣有不規
則的齒裂，頭狀花序頂生
或腋生，淡綠色。果實倒
卵形，具小鉤刺，內含數
粒種子，果實易黏人衣
物。

【生態環境】本地區平野有野生及庭園
栽培，以種子繁殖。

【使用部位】全草或果實(藥材稱蒼耳子)。

【性味功能】(1)全草：性寒，味苦、辛。能發汗通竅、散風祛濕、消
炎鎮痛，治頭風、瘡瘍等。(2)果實：性溫，味辛、苦、
甘，有小毒。能促發汗散風寒，治慢性鼻炎、耳鳴、皮
膚病、香港腳、風寒頭痛等。

【經驗處方】(1) 慢性鼻炎：蒼耳子30～40粒，打破加麻油1兩，文火
炸至蒼耳子枯，抽油用棉花浸透，睡前塞鼻內。

(2) 皮膚病：蒼耳全草水煎內服或外洗。

(3) 香港腳：蒼耳全草加埔銀各4兩，小飛揚5錢，水煎
服。

(4) 尿毒：根4兩，水煎服。

黃鵪菜

Youngia japonica (L.) DC.

【科　　別】菊科

【別　　名】山菠薐、山芥菜、山根龍、鐵釣竿。

【植株形態】一年生草本，根分枝多，莖出自基部抽出一至數枝。基部葉叢生，倒披針形，羽狀分裂，葉緣有不整齊的波狀齒裂；莖生葉互生，稀少，葉片狹長，羽狀深裂。頭狀花序小而多，排成聚繖狀，花冠黃色，花序邊緣為舌狀花。種子很小。

【生態環境】本地區平野野生，以種子繁殖。

【使用部位】全草。

【性味功能】性涼，味甘、微苦。能清熱解毒、消腫止痛，治咽喉腫痛、乳腺炎、尿路感染、牙痛、小便不利、肝硬化腹水、瘡癤腫毒等。

【經驗處方】(1) 咽喉腫痛：鮮品搗汁，加少許鹽服或醋漱口。

(2) 乳腺炎：鮮品1～2兩水煎，加酒服或搗爛加熱外敷。

(3) 解熱、利尿：鮮草1～2兩，水煎服。

(4) 高血壓：鮮草8錢加白鳳菜5錢、水豬乳5錢，搗汁加蜜服。

(5) 腫瘤、卵巢瘤：全草3兩，燉青殼鴨蛋服。

百部

Stemona tuberosa Lour.

【科　　別】百部科

【別　　名】大順筋藤、對葉百部、野天門冬、百條根。

【植株形態】多年生常綠蔓藤類。葉對生，廣卵形，全緣。花單生葉腋或數朵聚生，花被4片，黃綠色，帶紫色條紋。果實為蒴果。

【生態環境】原生台灣中、低海拔山區。

【使用部位】塊根。

【性味功能】性微溫(或謂性平)，味甘、苦。能潤肺止咳、殺蟲滅虱，治寒熱咳嗽、肺癆咳嗽、頓咳、老年咳嗽、咳嗽痰喘、寄生蟲病等；外用治皮膚疥癬、濕疹、頭虱、體虱及陰虱。

【經驗處方】(1) 本品2～5錢，水煎服。可治各種咳嗽，凡肺癆咳嗽、感冒內傷、新舊咳嗽、百日咳，皆有一定效果。也可配合其他中藥專治各種咳嗽。

(2) 本品水煎(加強濃度)以灌腸、坐浴或擦洗等接觸方式可消除蟯蟲、陰道滴蟲、頭虱等。

田薯

Dioscorea alata L.

【科　　別】薯蕷科

【別　　名】山藥、淮山、薯蕷、大薯。

【植株形態】多年生纏繞性草本，根多，鬚根細而少，塊莖肥大而厚成棍棒狀，圓柱形或塊狀掌形，地上莖細長有稜線。葉對生，葉片光滑無毛，三角狀寬卵形或三角狀卵形。夏季開花，雌雄異株，雄花序2至數個，聚生於葉腋，雌花序下垂，花乳白色，花被6片。雄蕊6枚，花柱3枚。蒴果有3翅，種子扁形。

【生態環境】本地區到處都有人栽培山藥類，以塊莖繁殖為主。山藥類的塊莖(含本種)通常種類有：⑴棍棒狀。⑵掌狀。⑶塊狀，肉質顏色有紫紅色、白色、黃色等3種。

【使用部位】塊莖(稱擔根體)。

【性味功能】性平，味甘。能健胃止瀉、補肺益腎，治耳鳴、脾胃虧損、氣虛衰弱等。

【經驗處方】(1) 糖尿病：本品塊莖5錢加黃耆4錢、天花粉3錢、生地5錢，水煎服。

(2) 肺結核：本品4錢、黨參4錢、麥門冬3錢、川貝2.5錢、茯苓3錢、百合3錢、北杏2.5錢、炙甘草2.5錢，水煎服。

(3) 病後耳聾：本品1兩、豬耳朵1隻，燉湯服。

(4) 脾虛久瀉：本品加黨參各4兩，白朮、茯苓各3錢，神麴2錢，水煎服。

(5) 皮膚濕疹或丹毒：本品藤適量，搗爛外敷或煎熏洗。

(6) 健胃：新鮮本品當食品煮吃，為胃的保健良藥。

蚌蘭

Rhoeo discolor Hance

【科　　別】鴨跖草科

【別　　名】紅川七、紫萬年青、紫背鴨跖草、水紅竹。

【植株形態】多年生肉質草本，根短，莖粗而短，直立不分枝。葉互生，劍形，上表面深綠色，下表面紫色，全緣，質地肥厚，呈草質。花腋生，白色，藏於兩片蚌殼狀肉質的苞片內，苞片淡紫色。果實為蒴果，球形，種子細小。

【生態環境】本地區全境多以環境美化觀賞栽培為主，大部分以分株繁殖或扦插繁殖。

【使用部位】葉(或花)。

【性味功能】(1)葉性涼，味甘。能清熱、止血、祛瘀、涼血、潤肺、祛傷、解鬱，治肺熱燥咳、吐血、便血、尿血、痢疾、跌打損傷等。(2)花可當蔬菜食用，可治咳嗽。

【經驗處方】(1) 治百日咳、流鼻血、咳痰帶血：花20～30朵，水煎服。

(2) 治肺炎發燒、咳嗽：葉2兩，加冰糖水煎服。

(3) 治打傷吐血：本品加蛇莓、珠仔草、耳鉤草、對葉蓮各1兩，鮮品搗汁加冰糖或蜂蜜服。

(4) 治各種吐血：本品加扁柏、蛇莓、對葉蓮鮮品搗汁，加蜜或冰糖服特效。

(5) 治刀傷、腫毒：葉適量，搗爛外敷。

(6) 治久咳：葉燉赤肉服或加黃花蜜菜、蕺菜搗汁，加蜜服。

【注意事項】氣虛者忌用。

紅葉鴨跖草

Setcreasea purpurea Boom

【 科　別 】鴨跖草科

【 別　名 】紫錦草、紫錦蘭。

【植株形態】多年生草本，全株呈紫紅色，匍匐狀生長，莖節處接觸地面可長根，莖肉質狀，長約20～60公分。葉全緣，互生，長約6～12公分，寬約2～3公分。花期全年，腋生，花淡紅色或紫紅色。

【生態環境】本種為外來植物。本地區零星栽種，以種子或扦插來繁殖。

【使用部位】全草。

【性味功能】性寒，味甘、淡。能消腫解毒、涼血和血、祛瘀，治疔疽、丹毒、腫毒、肝炎、肺炎、火傷、吐血、瘀血等。

【經驗處方】(1) 火傷：紫錦草、一葉草適量，搗敷患部。

　　　　　　(2) 肺炎：紅葉鴨跖草、白鳳菜、雷公根、馬蹄金、一葉草各1兩，搗汁調蜜服用。

香附

Cyperus rotundus L.

【科　　別】莎草科

【別　　名】莎草、草附子、香稜、水巴戟。

【植株形態】多年生草本，根莖細長呈匍匐狀，先端生有小形塊莖，稈高10～60公分，通常較葉為長，纖細平滑，具三稜。葉片褶疊狀狹線形。葉狀苞片2～3枚，狹線形，著生稈頂。花序單生或分枝，小穗線形，暗紫褐色。瘦果三稜狀長橢圓形，暗褐色。

【生態環境】田野路旁到處可見，以塊莖繁殖。

【使用部位】塊莖(藥材稱香附)。

【性味功能】性微寒，味甘、辛。能理氣解鬱、止痛調經，治月經不調、氣鬱不舒、腹痛、頭痛、感冒、各種疼痛、帶下等。

【經驗處方】(1) 積氣暈倒：塊莖研末，開水送服。

(2) 蜈蚣咬傷：塊莖嚼碎外敷。

(3) 治婦人經風：香附、高良姜及益母草等分，米酒煎服，痛時飲之。

(4) 治盲腸炎：香附、金英、白芍、桃仁、防風、赤茯苓各2錢，當歸1錢，細辛0.5錢，冬瓜糖3錢，水煎代茶飲。

單穗水蜈蚣

Kyllinga nemoralis (J. R. & G. Forster)
Dandy ***ex*** Hutchinson & Dalz.

〔 科　　別 〕莎草科

〔 別　　名 〕臭頭、無頭土香。

〔植株形態〕多年生草本，根莖長而匍匐，具褐色鱗片，具多數節，節上長一稈或數稈，細弱，略三角形，高7～30公分。葉柔弱，狹線形，短於或偶長於稈，長5～10公分，寬2～4公分，上部邊緣和中肋上具細刺。穗狀花序單生，球形或卵球形。苞葉3枚，葉狀，長於花序。小穗寬披針形，壓扁狀，具1朵花，花苞膜質，背面具龍骨狀突起，綠色，具刺，頂端延伸成外彎短尖。雄蕊1～3枚，柱頭2叉。瘦果扁倒卵形。

〔生態環境〕本地區平地、水溝邊或溪邊，水田、田埂亦常見。

〔使用部位〕全草。

〔性味功能〕性微寒，味淡、甘。能散風、舒筋、祛瘀、利尿、消腫、解熱、祛痰、鎮咳，治感冒風熱、寒熱頭痛、盲腸炎、腹痛、痢疾、濕疹等。

〔經驗處方〕(1) 夏天中暑：單味2兩，加黑糖水煎服。

(2) 夏季感冒：本品1兩、魚腥草1兩，水煎服。

薏苡

Coix lacryma-jobi L.

【科　　別】禾本科

【別　　名】苡米、薏仁。

【植株形態】多年生草本，鬚根，莖直立，有節(約10節)。葉片線狀披針形，葉緣粗糙，中脈粗厚，背面突起，葉鞘光滑。總狀花序，腋生成束，雌小穗位於花序之下部，外面包以骨質念珠狀總苞，總苞與小穗等長。穎果外包堅硬的總苞，卵形或球形。

【生態環境】本地區庭園栽培，以播種繁殖，耐乾旱。

【使用部位】種仁、根。

【性味功能】(1)種仁(藥材稱薏苡仁)性涼，味甘、淡。能健脾滲濕、除痺止瀉、清熱排膿、鎮咳、抗癌，治水腫、腳氣、小便淋痛不利、濕痺拘攣、脾虛泄瀉、肺癰、腸癰、扁平疣等。(2)根能鎮痛、鎮靜、解熱，治肺結核、胃癌。

【經驗處方】(1) 風濕性關節炎：根1～2兩，水煎服。

(2) 脾胃虛弱、消化不良：根1～2兩，燉豬肚吃。

(3) 消渴症：薏苡仁1兩，水煮粥食之。

(4) 尿道炎：根2～3兩，水煎服。

(5) 黃疸如金：薏苡根煎湯頻服。

【注意事項】葉吃後，易生癌症。

紅牧草

Pennisetum purpureum Schumach.

【科　　別】 禾本科

【別　　名】 牧草、(紅)象草、藥蔗。

【植株形態】 多年生草本，鬚根較粗，莖硬，直立，高1～2公尺，莖節膨大(被葉鞘包著)，節生分芽。葉互生，長60～100公分，葉片線形，葉身少許柔毛，葉鞘基部絨毛較長，葉序以下常密生柔毛，葉鞘光滑，葉舌短小，頂端長漸尖(通常內捲)。圓錐花序柱狀，主軸硬長。穎果扁平，長圓形。

【生態環境】 本地區庭園栽培，可扦插或播種繁殖。牧草品種很多，常見的有野生牧草、狼尾二號牧草、紅牧草。

【使用部位】 根、莖或花。

【性味功能】 性平，味甘。能抗癌、解毒、消腫、化痰止咳、消炎行血、明目、止血、止痛，治感冒發熱、熱咳、便秘、高血壓、糖尿病、腰酸背痛等。

【經驗處方】 (1) 糖尿病：根、莖5兩，絞汁或水煎服。

(2) 各種癌症：鮮莖2～3兩，絞汁或水煎服。

(3) 高血壓、動脈硬化：全草5兩，絞汁或水煎服。

(4) 白血症、尿酸高：鮮根2～4兩，絞汁服。

(5) 中暑：花5錢，水煎服。

薑黃

Curcuma longa L.

【科　　別】薑科

【別　　名】黃薑、黃絲鬱金、寶鼎香、鬱金。

【植株形態】多年生宿根草本植物，根莖肥大，肉鮮黃色。葉根生，具長柄，長橢圓狀披針形。穗狀花序，總苞片綠色，內含小花數朵，每朵花又有一苞片，白綠色，先端粉紅色。花筒狀，上部杯狀，有唇瓣(中間鮮黃色)。蒴果球形。

【生態環境】人工栽培。

【使用部位】根莖。

【性味功能】性溫，味苦、辛。能破血行氣、通經止痛，治血瘀氣滯諸症、胸腹脅痛、經痛、經閉、產後瘀滯腹痛、風濕痺痛、跌打損傷、癰腫等。本品所含薑黃素，已經實驗證實能消炎、抗氧化、健胃、改善肝機能，並能抑制癌細胞生長。

【經驗處方】(1) 治心痛難忍：薑黃1兩、肉桂3兩，為末，醋湯服下。

(2) 治牙痛：薑黃、細辛、白芷等分為細末，並擦2～3次，以鹽水漱口。

(3) 治胃炎、嘔吐、黃疸：薑黃1錢5分、黃連6分、肉桂3分、延胡索1錢2分、廣鬱金1錢 5分，水煎服。

(4) 薑黃粉可加入豆漿、果汁等飲料中，也可用來炒菜及加入各種糕點中，是很好的保健植物。

參考文獻

(依作者或編輯單位筆劃順序排列)

* 甘偉松，1991，藥用植物學，臺北市：國立中國醫藥研究所。

* 林宜信、張永勳、陳益昇、謝文全、歐潤芝等，2003，臺灣藥用植物資源名錄，臺北市：行政院衛生署中醫藥委員會。

* 邱年永，2004，百草茶植物圖鑑，臺中市：文興出版事業有限公司。

* 邱年永、張光雄，1983～2001，原色臺灣藥用植物圖鑑(1～6冊)，臺北市：南天書局有限公司。

* 洪心容、黃世勳，2002，藥用植物拾趣，臺中市：國立自然科學博物館。

* 洪心容、黃世勳，2004～2010，臺灣鄉野藥用植物(1～3冊)，臺中市：文興出版事業有限公司。

* 高木村，1985～1996，臺灣民間藥(1～3冊)，臺北市：南天書局有限公司。

* 國家中醫藥管理局《中華本草》編委會，1999，中華本草(1～10冊)，上海：上海科學技術出版社。

* 張憲昌，1987～1990，藥草(1、2冊)，臺北市：渡假出版社有限公司。

* 黃世勳，2009，臺灣常用藥用植物圖鑑，臺中市：文興出版事業有限公司。

* 黃世勳，2010，臺灣藥用植物圖鑑：輕鬆入門500種，臺中市：文興出版事業有限公司。

* 黃冠中、黃世勳、洪心容，2009，彩色藥用植物圖鑑：超強收錄500種，臺中市：文興出版事業有限公司。

* 臺灣植物誌第二版編輯委員會，1993～2003，臺灣植物誌第二版(1～6卷)，臺北市：臺灣植物誌第二版編輯委員會。

* 鍾錠全，1997～2008，青草世界彩色圖鑑(1～3冊)，臺北市：三藝文化事業有限公司。

外文索引

(依英文字母順序排列)

Crassocephalum crepidioides (Benth.) S. Moore / 182

Crossostephium chinense (L.) Makino / 184

Cucurbita moschata (Duch.) Poiret / 94

Curcuma longa L. / 226

Cuscuta australis R. Br. / 126

Cyperus rotundus L. / 218

[D]

Datura tatula L. / 158

Davallia mariesii Moore *ex* Bak. / 30

Dichondra micrantha Urban / 128

Dioscorea alata L. / 212

Drymaria diandra Blume / 54

[E]

Echinops grijsii Hance / 186

Elephantopus mollis Kunth / 188

Eleutherococcus trifoliatus (L.) S. Y. Hu / 106

Emilia sonchifolia (L.) DC. var. *javanica* (Burm. f.) Mattfeld / 190

[F]

Ficus formosana Maxim. / 40

[G]

Gynostemma pentaphyllum (Thunb.) Makino / 96

Gynura divaricata (L.) DC. subsp. *formosana* (Kitam.) F. G. Davies / 192

[H]

[M]

Mallotus repandus (Willd.) Muell.-Arg. / 74

Mentha arvensis L. / 146

Mirabilis jalapa L. / 48

Momordica charantia L. var. **abbreviata** Ser. / 98

Momordica cochinchinensis (Lour.) Spreng. / 100

Morinda citrifolia L. / 122

Moringa oleifera Lam. / 64

Morus alba L. / 42

Muehlenbeckia platyclada (F. V. Muell.) Meisn. / 44

[N]

Nephrolepis auriculata (L.) Trimen / 32

[O]

Ocimum basilicum L. / 148

Ocimum gratissimum L. / 150

Orthosiphon aristatus (Blume) Miq. / 152

[P]

Pennisetum purpureum Schumach. / 224

Plantago asiatica L. / 172

Platycodon grandiflorum (Jacq.) A. DC. / 176

Pluchea indica (L.) Less. / 196

Polygonum multiflorum Thunb. **ex** Murray / 46

Portulaca oleracea L. / 50

Psychotria rubra (Lour.) Poir. / 124

中文索引

(依筆劃順序排列)

臺東地區

臺東地區

草本植物雷公根萃取而成，不油膩好推拿，可舒緩您一整天的疲勞，是您居家必備的良伴。

商品諮詢專線0800-385-858
http://www.yuan-sen.com.tw/store/

採本園栽種無污染草本植物，運用生物科技技術製成，有別一般中藥燉品口味，是您不可錯過的養生湯品。

商品諮詢專線 0800-385-858
http://www.yuan-sen.com.tw/store/

瑞士刀
（神奇小幫手）

植物圖鑑和筆記本
（隨時對照並作紀錄用）

鉛筆和橡皮擦
（作筆記用的）

超炫墨鏡
（遮陽，順便耍帥）

遮陽帽
（山上有時太陽也很大的）

耐用的手套
（總是會遇到不友善的植物職！）

塑膠袋
（可裝採集來的戰利品）

超容量的背包
（愛裝什麼就裝什麼）

這玩意兒不用帶
（野外就遇得到）

登山杖
（用來打草驚蛇的）

輕巧的鏟子
（不要拿來炒菜哦！）

小型急救箱
（以備不時之需）

美味麵包
（走累了，就獎賞自己一下吧！）

園藝用的剪刀
（不是剪紙的那一種哦！）

裝滿的水壺
（記得隨時補充水分哦！）

本頁圖形文案由文興出版事業有限公司提供
著作權所有．翻印必究

切 記

1. 別噴香水出門，以防惹來蚊蟲。
2. 採集時請手下留情，務必留根留種。
3. 注意環保，不可亂丟垃圾。

臺東地區藥用植物圖鑑 . 2 / 吳茂雄總編輯 . — 初
　版 . — 臺東市： 東縣藥用植物學會；臺中市：
　文興出版，民101.09
　　面；　　公分
　ISBN 978-986-86817-1-2（精裝）
　1. 藥用植物 2. 植物圖鑑 3. 臺東縣

376.15025　　　　　　　　　　101017713

臺東地區藥用植物圖鑑(2) NC003
Illustration of Medicinal Plants in Taitung(2)

出版者	臺東縣藥用植物學會
會址	950臺東市四維路3段238號
電話	(0933)711968 (理事長 / 李明義)
	(0921)203569 (總幹事 / 吳茂雄)
傳真	(089)226199
E-mail	gototaitung89@gmail.com

共同出版者	文興出版事業有限公司
地址	407臺中市西屯區上安路9號2樓
電話	(04)24521807
傳真	(04)22939651
E-mail	wenhsin.press@msa.hinet.net
網址	http://www.flywings.com.tw

發行人	李明義
總編輯	吳茂雄
編輯委員	李興進、鍾國慶、李明義、吳茂雄、陳進分
	陳清新、徐元嬌、謝松雄、鍾華盛、呂縉宇
	黃小三、林忠明、劉昌榮、陳忠和
審校	陳清新、李興進、黃世勳
美術編輯	呂姿珊、賀曉帆

總經銷	紅螞蟻圖書有限公司
地址	114臺北市內湖區舊宗路2段121巷28號4樓
電話	(02)27953656
傳真	(02)27954100
初版	中華民國一○一年九月
定價	新臺幣500元整
ISBN	978-986-86817-1-2(精裝)